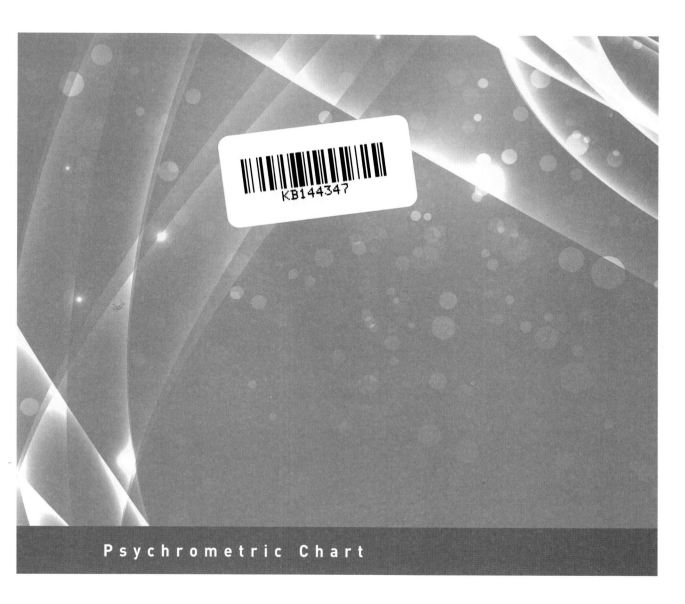

Psychrometric Chart

공기선도 | 읽는 법·사용법

일본 공기조화·위생공학회 지음 | 정광섭·홍희기 옮김

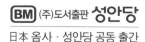 (주)도서출판 **성안당**

日本 옴사 · 성안당 공동 출간

공기선도 읽는 법 · 사용법

Original Japanese edition
Tettei Masutaa: Kuukisenzu no Yomikata, Tsukaikata
Edited by Kuukichouwa, Eisei Kougakkai
copyright © 1998 by Kuukichouwa Eisei Kougakkai
published by Ohmsha, Ltd.

This Korean Language edition is co—published by Ohmsha, Ltd. and
Sung An Dang Inc.
copyright © 2001
All rights reserved.

머리말

공기선도는 공기조화 기술에 필수 불가결한 기본적인 도구이다. 그것이 차지하는 중요성이 큼에도 불구하고 지금까지 공기선도에 관해 상세하게 기술한 도서가 없었던 점이 이 책을 펴내게 된 동기이다. 이 책은 공기선도의 '읽는 방법', '사용 방법'을 철저하게 마스터할 것을 목표로 출판되었다.

제1장에서는 습공기의 특성을 알기 쉽게 설명하는 데에 주안점을 두었다. 제2장에서는 기본적인 공조 프로세스를 공기선도로 이해하기 쉽게 기술했으며, 독특한 점으로는 각종 온열 환경 지표를 공기선도로 표현했다는 점을 들 수 있다. 제3장에서는 각종 공조 기기의 프로세스를 공기선도와의 관계를 통해 해설했다. 기기의 원리나 설계의 포인트를 쉽게 이해할 수 있을 것이다. 제4장에서는 공조시스템의 프로세스를 공기선도로 설명함으로써 시스템을 쉽게 이해할 수 있도록 했다. 이들 두 장 모두가 정상일 경우뿐만 아니라 부하 변동일 경우도 감안하여 제어문제의 기본에 관해서도 기술되었다.

특히, 예제를 많이 수록하고 그것을 자기 스스로 탐구하게 함으로써 구체적이고 완전하게 이해할 수 있도록 하였다. 또 측면 주석에는 「 포인트 」와 「▶메 모」, 본문 속에는 「 칼럼 」을 다수 삽입하고 강약이 있게 기술하여 즐겁게 학습할 수 있도록 배려했다.

「 포인트 」는 가장 중요한 항목으로서, 기본 체크시에는 이 항목만 읽어도 이해할 수 있도록 하였다. 「▶메 모」는 보다 상세한 보충 설명으로서 일보 진전된 지식 전달을 목표로 하였다. 「 칼럼 」은 관련되는 화제를 통해, 즐겁게 관련 지식을 쌓아갈 수 있도록 하였다.

이 책이 공조 관련 기술자나 전공학생들의 실력 향상에 기여할 수 있기를 바란다.

습공기선도편집소위원회

주사　水野　稔

社団法人 空気調和・衛生工学会
出版委員会 「湿り空気線図」 編集小委員会

主　査　　　水野　稔（大阪大学）
委　員　　　小倉　一浩（大阪府立東住吉工業高等学校）
　　　　　　柏原　健二（新晃工業株式会社）
　　　　　　中村　安弘（大阪大学）
　　　　　　平岡　秀明（三機工業株式会社）
　　　　　　松尾　浩（株式会社きんでん）

《執 筆 者 一覧》

水野　稔	（前出）	監修
小倉　一浩	（前出）	1章
中村　安弘	（前出）	2章
柏原　健二	（前出）	3章
平岡　秀明	（前出）	4・1～4・3節
松尾　浩	（前出）	4・4節

역자 서문

　최근, 공기조화설비가 급속히 발전 보급됨에 따라 건축 및 기계설비 분야에서 차지하는 중요성 또한 점점 증대하고 있다. 이와 같은 공조 분야는 대별하면 열부하, 시스템, 덕트 및 장비 부분으로 나눌 수 있다. 그런데 이 중 어느 부분도 공기선도의 활용 없이는 그 기술을 정확하게 이해하기가 어려울 뿐만 아니라 그것의 성패는 이를 얼마나 잘 활용하느냐에 달려 있다고 해도 과언이 아니다. 말하자면, 공기조화를 완전히 이해하기 전에는 공기선도의 중요성을 그다지 깊이 깨닫지 못하는 것이 일반적인 현상이라고 할 수 있다. 따라서 공조 기술자는 공기선도를 이용하여 공조 프로세스를 표현할 수 있을 뿐 아니라, 공기조화기, 열원기기 및 각종 공조 부속장치들의 용량 및 효율, 선정 방법 등을 터득할 수 있어야 하며, 나아가 공조시스템의 운전 및 동태도 공기선도 상에서 표현이 가능하다는 점을 터득하여야 할 것이다.

　이와 같이, 모든 공조 프로세스는 공기선도 상에서 모사될 수 있으며, 치밀한 분석 또한 가능하다. 이런 의미에서 공기선도는 공기조화를 이해하는 데 있어서 가장 기초적인 분야이 며 동시에 상당히 깊이 있는 응용 분야이기도 하다. 그러나 우리 나라에 소개된 공조 관련 분야의 교재나 참고서들은 대부분 공기선도의 간단한 이용법 등만 기술하고 있는 형편이고 상세한 응용법 등에 대해서는 기술되어 있지 않은 것이 현실이다.

　이 기회에, 본 서와 같이 공조 프로세스에서부터 시작하여 공조시스템에 이르기까지 상세하게 공기선도를 이용하여 분석하고 표현하는 방법을 제시한 서적을 만날 수 있게 된 것은 매우 기쁜 일이 아닐 수 없으며, 본 서를 번역하게 된 목적도 바로 이 점에 있다고 할 수 있다.

　따라서, 본 서는 대학 과정의 교재로서 충분히 활용될 수 있을 뿐만 아니라, 건축·기계 설비 분야의 일선에서 종사하고 있는 일반 기술자들에게도 참고도서 및 입문서 역할을 충분히 함으로써 공기조화설비를 종합적으로 이해하고 공부하는 데 도움이 될 수 있을 것이다.

　모쪼록 본 서가 독자 여러분들의 학습에 조금이나마 도움이 되기를 바라며, 혹시 번역 과정에서 오류나 미흡한 점이 있으면 앞으로 수정·보완하여 바로 잡아나갈 것을 약속한다.

　끝으로 동료·선배 교수님들의 기탄 없는 지도편달을 바라며, 본 서의 출판에 남다른 열정으로 적극적인 협조를 아끼지 않으신 출판사의 이종춘 회장님과 이종원 이사님께 심심한 감사의 뜻을 전한다.

2001. 1

역 자 일동

차 례

제3장 공기조화 기기와 공기선도

제4장 공기조화 시스템과 공기선도

건공기와 습공기

1·1 혼합기체로서의 공기

(1) 대기와 공기

지구를 둘러싸고 있는 기체를 지구 **대기**라 하고, 지표에서부터 대류권, 성층권, 중간권, 열권, 외기권으로 분류할 수 있다. 외기권은 상공 약 10000 km의 높이에 달한다. 대기층의 구조를 **그림 1.1**에 나타낸다.

대　기

지구를 둘러싸고 있는 기체를 총칭하여 대기라 하며, 대류권, 성층권, 중간권, 열권, 외기권으로 구성된다.

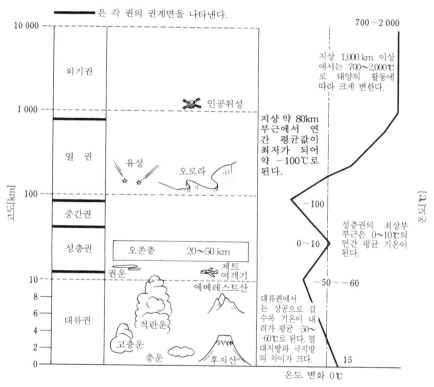

　은 각 권의 권계면을 나타낸다.

700~2 000

지상 1,000 km 이상에서는 700~2,000℃로 태양의 활동에 따라 크게 변한다.

지상 약 80km 부근에서 연간 평균값이 최저가 되어 약 −100℃로 된다.

성층권의 최상부 부근은 0~10℃의 연간 평균 기온이 된다.

대류권에서는 상공으로 갈수록 기온이 내려가 평균 −50~ −60℃로 된다. 열대지방과 극지방의 차이가 크다.

외기권

인공위성

유성　오로라

중간권

성층권

오존층　20~50 km

권운

제트여객기
에베레스트산

적란운

고층운

대류권

층운　후지산

고도[km]

기온[℃]

−100

0~10

−50~ −60

15

온도 변화 0℃

그림 1.1 대기층의 구조

▶ **오존층**

대기의 상부층에서 고도 약 20~50 km에 해당하는, 오존농도가 높은 영역으로서, 오존농도는 10 mg/l 정도이다. 오존층은 암 등의 원인이 되는 자외선을 흡수하여 지상의 생물을 보호하는 역할을 한다.

지표에서 중간권까지 약 80 km 높이에 있는 대기성분은 거의 일정하여 이를 '균일권'이라고도 한다. 대류권의 두께는 장소에 따라 다르기 때문에 온대지방에서는 약 10 km, 열대지방에서는 약 16 km에 달한다. 구름은 일부(권운 등)를 제외하고는 여기에 머물러 있다.

10000 km에 미치는 대기층이지만, 수증기 성분은 99 % 이상이 대류권

에 존재한다. 이 수증기를 포함하는 대기를 **공기**로 취급하는 경우가 많다.

대류권 내에서는, 원칙적으로 고도가 올라가면 기온이 1 km당 약 6℃의 비율로 떨어지게 되는데 이것을 기온감률이라 한다.

대기압은 지상에서 고도가 상승함에 따라 낮아진다. 해면상 0 m에서의 평균 기압 101.325 kPa을 표준기압으로 하고 있다. 고도 H〔m〕 지점에서의 기압은 표준기압을 P_0 라 하면 다음과 같은 식이 된다.

$$P = P_0 \times (1 - 2.2557 \times 10^{-5} \times H)^{5.2561} \quad \cdots\cdots\cdots\cdots\cdots\cdots (1.1)$$

Exercise 1·1

높이 3000 m 지점의 기압과, 기압이 표준기압의 절반 이하가 되는 높이를 구하라.

Answer

높이 3000 m 지점의 기압은,

$$P = 101.325 \times (1 - 2.2557 \times 10^{-5} \times 3000)^{5.2561} = 70.108 \text{ kPa}$$

표준기압의 절반 이하가 되는 높이는

$$50.663 = 101.325 \times (1 - 2.2557 \times 10^{-5} \times H)^{5.2561} \text{ 에 의해,}$$
$$H = 5477 \text{ m}$$

오존층 파괴

지상으로부터 고도 20~50 km의 오존농도가 높은 영역을 오존층이라 한다. 자외선이 산소(O_2)에 작용하여 오존(O_3)이 생겨나며, 오존농도는 10 mg/l 정도가 된다. 오존층은 자외선을 흡수하여 지구상의 생물을 보호한다. 그러나 통칭 프레온(Freon : 상품명)이라 불리는 클로로플루오로카본(Chlorofluorocarbon)이 오존을 파괴하는 물질로 알려져 있는데, 특히 특정 프레온은 오존 파괴계수가 크게 문제시되고 있다.

특정 프레온은 다섯 가지가 있으며, 모두 분자식으로 Cl(염소)을 포함한다.

원심 냉동기의 대표적인 냉매였던 CFC-11(R-11)의 분자식은

CFC1₃이다. 특정 프레온은 현재 생산·수출입이 금지되고 있다.

특정 프레온보다도 오존파괴 능력이 낮은 지정 프레온(예를 들면 HCFC는 수소를 포함)이라는 것이 있으나 과도적인 물질로 취급되고 있다.

프레온은 냉매, 발포제, 세정제, 분무용 스프레이 등의 용도로 사용되고 있다.

(2) 공기의 조성

공기중에는 다양한 물질이 혼합되어 있다. 국지적으로 특수한 기체가 많은 곳도 있지만, 넓은 범위에서의 공기는 일정한 조성을 가지는 혼합기체이다. **수증기**의 성분을 제외하면 앞서 말한 균일권까지의 성분은 일정하다.

공기의 주성분은 질소(N_2), 산소(O_2), 아르곤(Ar), 이산화탄소(CO_2)로서, 이밖에 네온(Ne), 헬륨(He), 크립톤(Kr) 등을 포함하고 있다.

공기중에 포함되어 있는 수증기량은 온도에 따라 크게 변화하기 때문에 수증기를 포함하지 않는 공기를 **건공기**, 수증기를 포함하는 공기를 **습공기**라고 하며 건공기를 기준으로 생각하면 편리하다. **표 1.1**은 건공기의 조성을 나타낸다.

주성분의 대부분을 차지하는 질소는 무색, 무미, 무취의 독성이 없는 기체로서 무색의 액체, 무색의 고체 결정이 되기도 한다. 상온에서는 비활성이며 연소나 호흡시 산소의 희석제 역할을 한다.

표 1.1 건공기의 조성

기체명	기호	분자량	체적백분율(%)	중량백분율(%)
질　　소	N_2	28.013	78.09	75.53
산　　소	O_2	31.999	20.95	23.14
아　르　곤	Ar	39.948	0.93	1.28
이산화탄소	CO_2	44.010	0.03	0.05

질소(N_2)

대기의 최다 성분으로서, 약 80 %를 차지하고 있다. 무색, 무미, 무취의 독성이 없는 기체로서 액체나 고체일 때도 무색이다. 상온에서는 비활성이지만 고온에서는 반응한다. 산소와의 화합물인 질소산화물[NO_x]은 환경문제의 원인이 되고 있다.

산소(O_2)

무색, 무취의 기체로서, 액체, 고체에서는 담청색이 된다. 대기체적의 약 21 %, 해수의 약 86 %를 차지한다. 인체의 약 60 %가 산소원소이다.

▶ **아르곤(Ar)**

무색, 무취의 비활성 기체이다. 헬륨이나 네온 등과 함께 희가스라 불린다.

이산화탄소(CO_2)

탄산가스라고도 한다. 무색, 무취이며 대기중의 체적비는 약 0.03 %이지만 최근 증가되는 경향이어서 온실효과에 의한 지구온난화 문제가 거론되고 있다.

산소는 무색, 무취의 기체이다. 산소는 1분자당 2개의 원자를 포함하는 O_2로서 존재하지만, 1분자당 3개의 원자를 포함하는 오존(O_3)도 있다.

대기와 공기

대기는 지구 전체를 둘러싸고 있는 모든 기체의 총칭이며, 공기는 생활환경과 밀접한 관계를 갖고 있는 기체라는 이미지를 갖고 있다. 그들을 사용한 용어 또한 대기압, 대기 오염, 대기권 등과 같이 큰 스케일을 느끼게 한다. 공기압, 공기압축기, 공기총, 공기빼기, 공기베개, 공기전염 등은 생활과 익숙한 것들로서 쉽게 이해할 수 있을 것이다.

대기압
산 위에서는 기압이 낮아진다.

타이어의 단면
공기압
고무 타이어 속에는 대기압보다 높은 압력의 공기가 들어 있다.

(3) 습공기

습 공 기

건공기 + 수증기의 상태로 존재한다. 일반적으로 '공기'라고 하면 이 '습공기'를 말한다.

다양한 공기

습공기에는 건공기, 포화공기, 불포화공기, 안개 낀 공기, 눈발 서린 공기 등이 있다.

분압법칙

혼합기체의 전체 압력은 각 기체의 압력(기체 분압)의 합과 같다. 이것을 돌턴의 분압법칙이라 한다.

사람의 생활과 밀접하게 관련되어 있는 지표면 부근의 공기는 수증기를 포함한 습공기로서, 수증기의 많고 적음이 생활환경에 크게 영향을 미친다.

습공기의 상태를 표현하는 데에는 건구온도, 습구온도, <u>노점온도</u>, <u>상대습도</u>, <u>절대습도</u>, <u>비교습도</u>, <u>포화온도</u>, 비체적, 엔탈피, <u>수증기 분압</u> 등이 있다. 보통 전압(全壓 :대기압)을 부여하고 이 중 두 가지를 결정하면 나머지 습공기의 상태량이 결정된다. 밑줄을 그어 습도를 표현한 것은 '1·3 습도의 표시방법'에서 상세하게 설명하겠다.

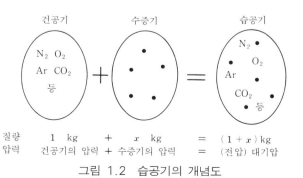

그림 1.2 습공기의 개념도

건공기와 수증기가 혼합되어 있는 상태가 일반적인 공기로 취급되는 습공기이며 그 개념도는 **그림 1.2**와 같다.

습공기에는 '건공기', '**포화공기**', '**불포화공기**', '안개 낀 공기', '눈발 서린 공기'가 있다. 건공기는 수증기를 포함하지 않은 것을 의미한다.

안 개

대기중의 수증기가, 작은 입자를 핵으로 하여 지표면 부근에서 응결하여 시야를 흐리는 현상을 말한다. 안개는 발생 원인·장소·시각 등에 따라 분류할 수 있다.

방사안개는 야간에 방사냉각에 의해 지면의 온도가 내려가게 됨으로써 지면에 접하는 공기중에 발생한다. 태양이 뜨고 기온이 올라가면 소멸된다.

안개

(4) 돌턴의 분압법칙과 상태방정식

a. 돌턴의 분압법칙

기체 혼합시 그 사이에 화학변화가 일어나지 않으면 혼합 후의 전압(全壓)은 각각의 기체가 단독으로 있을 때 각 기체 분압의 합과 같다. 즉 각각의 압력을 p_1, p_2, p_3, ……이라 하고 일정 온도에서 이들을 혼합하여 체적을 동등하게 유지할 때, 혼합 후의 전압 P는 다음과 같다.

$$P = p_1 + p_2 + p_3 + \cdots\cdots \quad\cdots\cdots\cdots\cdots\cdots\cdots\cdots\cdots\cdots\cdots (1.2)$$

이것을 **돌턴의 분압법칙**이라 한다. 습공기에 적용하면,

(전압)＝(건공기의 압력)＋(수증기의 압력)

으로 된다.

b. 상태방정식

기체의 상태를 결정하는 물리량인 상태량(압력 P, 체적 V, 온도 T 등)은 어느 것이든 두 가지가 결정되면 다른 값도 모두 결정되는 성질이 있다. 특히 P, V, T의 관계를 표현하는 식이 상태방정식이다. 상태방정식에는 여러 가지가 있는데 공기조화에서 대상으로 하는 온도, 압력하

▶ **다양한 안개**

발생 원인에 따라 이류(移流)안개, 방사안개, 활승안개, 전선(前線)안개가 있고, 발생 장소에 따라 산안개, 개천안개, 바다안개, 분지안개 등이 있다. 시각에 따라서는 아침안개, 저녁안개로 구별하는 경우도 있다.

▶ **기체상수의 물리적 의미**

일정한 압력하에서 1 kg의 기체의 온도를 1 K(켈빈) 상승시킬 때, 팽창에 의해 외부의 대기를 밀어내는 일의 비율이 기체상수이다. 뒤에 설명하게 될 정압비열과 정적비열의 차이가 기체상수이다.

▶ **기체상수의 상호 관계**

이상기체의 기체상수 R에는 다음과 같은 일반적인 관계가 성립된다.

$$MR = R_0$$

M은 기체의 분자량 [kg/kmol]이며, R_0는 일반 기체상수라 불리는 일정값[＝8.3143 kJ /(kmol·K)]이다.

▶ **보일의 법칙**

온도가 일정한 상태에서 체적과 압력이 변화할 경우, 압력 P와 체적 V에는

$$PV = 일정$$

이라는 관계식이 성립된다. 이것을 보일의 법칙이라 한다.

▶ **절대온도(T)**
1기압에서 물의 삼중점을 273.16K(0.0100 ℃)로 하고 단위로는 K(켈빈)을 사용한다.
혼히 사용하는 섭씨 눈금[℃]과는
$T = t + 273.15$
의 관계식이 성립된다.

▶ **샤를의 법칙**
일정 압력하에서 체적과 온도가 변화하는 경우에 온도 T와 체적 V에는
$T_1/T_2 = V_1/V_2$
의 관계식이 성립되는데, 이것을 샤를의 법칙이라 한다.

상태방정식

공기조화에서 대상으로 하는 공기의 변화에 대하여 압력 P, 체적 V, 온도 T의 관계식을 상태방정식이라 한다.
$PV = mRT$
여기서, m은 질량, R은 기체상수를 나타낸다.

에서의 공기 및 그 성분에 대한 것은 다음 식과 같이 이상기체의 상태방정식이 실용상 충분한 정도로 성립한다.

$$PV = mRT \quad \cdots\cdots\cdots\cdots\cdots\cdots\cdots\cdots\cdots\cdots\cdots\cdots\cdots (1.3)$$

이 방정식은 **보일 – 샤를의 방정식**이라고 불리며, R는 **기체상수** [kJ/(kg · K)]라 하여 기체 고유의 값이다. 대표적인 기체상수를 **표 1.2**에 나타낸다. m은 기체의 질량[kg]이다.

표 1.2 기체상수의 예

	기체상수 [kJ/(kg·K)]
건 공 기	0.28706
수 증 기	0.46152
질 소	0.29680
산 소	0.25983
아 르 곤	0.20813
이산화탄소	0.18892

Exercise 1·2

기체에는 각각의 특성을 나타내는 기체상수라는 것이 있다. 건공기를 질소, 산소, 아르곤, 이산화탄소의 혼합기체로 하여 기체상수를 구하라. N_2, O_2, Ar, CO_2 각각의 기체상수를 0.297, 0.260, 0.208, 0.189 kJ/(kg·K)이라 하고 중량 조성은 표 1.1을 사용한다.

Answer 1

각각의 기체상수와 중량비율로 구할 수 있다. 건공기의 기체상수를 R_a라 하면

$$R_a = 0.297 \times 0.7553 + 0.260 \times 0.2314 + 0.208 \times 0.0128$$
$$+ 0.189 \times 0.0005$$
$$= 0.287 \text{kJ/(kg·K)}$$

Answer 2

앞 페이지의 측면 주석에서 설명된 기체의 분자량 M [kg/kmol]과 일반 기체상수 R_0 [kJ/(kmol·K)]의 상호관계로 구한 건공기의 분자량으로 기체상수를 구할 수 있다. 건공기의 분자량을 M_a ($= 28.9645$ kg/kmol)로 했을 때, 건공기의 기체상수는 $R_a = 8.3143/28.9645 = 0.287$ kJ/(kg·K)이다.

1·2 공기의 성질

(1) 건공기의 물리적 성질

1) **용해도** : 물질이 물에 녹는 비율을 '물에 대한 용해도'라 하는데 간단하게 '용해도'라고도 한다. 공기의 용해도는 〔1기압, 0℃〕의 조건에서는 29.18 cc / l 이다. 온도가 낮을수록 많이 녹을 수 있다는 것은 냉장고에서 꺼낸 탄산음료 등의 기포를 보면 알 수 있다.

용 해 도
액체에 대해서 기체가 용해되는 비율을 말한다. 물의 경우를 간략하게 '용해도'라 한다.

2) **점성** : 흐르고 있는 공기의 내부에서 분자 상호간에 힘이 서로 미치게 됨로써 유동 저항의 기본이 되는 성질을 점성 또는 내부마찰이라 한다. 공기의 경우는 온도의 상승과 더불어 점성을 나타내는 점도, 동점도가 커진다. 표준대기압에서 건공기의 점성과 온도의 관계를 **표 1.3** 에 나타낸다.

점 성
흐르고 있는 공기의 내부에서 분자끼리 상호간에 힘이 미쳐 유동 저항의 기본이 되는 성질을 점성 또는 내부마찰이라 한다.

표 1.3 건공기의 점성과 온도의 관계(표준대기압)

	-10℃	0℃	10℃	20℃	30℃	40℃
점도 η 〔Pa·s〕 $\times 10^{-6}$	16.74	17.24	17.74	18.24	18.72	19.20
동점도 ν 〔m²/s〕 $\times 10^{-6}$	12.48	13.34	14.23	15.15	16.08	17.04

3) **열전도율** : 고체에서나 정지된 유체에서 분자운동만으로 열이 전달되는 정도를 나타낸 것으로서, 공기에서는 0.0241W/(m·K) (1기압, 0℃)의 값을 갖는다. 다른 구조재료에 비해 경질 우레탄 발포판의 경우는 0.028 W/(m·K)이므로 보온·보냉에 얼마나 적합한가를 알 수 있다.

열전도율
열이 전달되는 정도를 표현하는 것으로서, 전도율이 클수록 열이 전달되기 쉽다. 구리 419 W/(m·K) 콘크리트 1.6 W/(m·K) 물 0.569 W/(m·K) 공기 0.0241 W/(m·K)

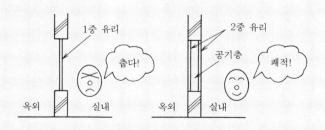

유리창에 2중 유리를!

최초의 설비비는 약간 비싸지지만, 같은 운영비로 쾌적한 공간을 유지할 수 있다.

밀 도

단위체적당 질량을 말하며, [kg/m^3]로 표현한다. 습공기는 수증기가 포함되어 있는 양이 증가하면 가벼워지고 밀도는 감소된다.

4) **밀도**와 **비체적** : 단위체적당의 질량을 밀도라 하며, 단위질량당 체적을 비체적이라 한다. 즉, 밀도는 비체적의 역수이다. 표준대기압에서 건공기의 밀도와 온도의 관계를 **표 1.4**에 나타냈다.

표 1.4 건공기의 밀도와 온도의 관계(표준대기압)

온도[℃]	밀도[kg/m^3]	온도[℃]	밀도[kg/m^3]
0	1.293	40	1.127
5	1.270	45	1.110
10	1.247	50	1.092
15	1.225	55	1.076
20	1.205	60	1.060
25	1.184	65	1.044
30	1.165	70	1.029
35	1.146	75	1.014

건공기의 밀도는 $1.293\,kg/m^3$(1기압, 0℃)이다. 다른 물질과 마찬가지로 온도 상승에 따라 작아진다.

비 열

1 kg인 물질의 온도를 1℃ 만큼 높이는 데에 필요한 열량을 말하며 [$kJ/(kg\cdot℃)$]로 표현한다.

5) **비열** : 물체의 단위질량당 열용량을 의미한다. 즉, 1 kg인 물질의 온도를 1℃ 만큼 높이는 데에 필요한 열량을 말한다. 모든 물체는 각각 다른 비열을 가지고 있다. 비열은 에너지 이동시의 과정에 따라 달라지며 특히 공기 등의 기체비열은 열 이동시의 과정, 예를 들면 체적이 일정한 조건하에서 열이 이동하는지, 일정한 압력하에 있는지에 따라 현저하게 달라진다.

체적이 일정한 조건하에서 열이 이동하는 경우의 비열을 정적비열이라 하며 일정한 압력하에서 열이 이동하는 경우를 정압비열이라 한다.

고체나 액체에서는 정압비열과 정적비열을 구별할 필요가 없지만, 기체에서는 그 차이가 크기 때문에 유의해야 한다.

두 가지의 비열을 비교해 보면 항상 정압비열이 크다. 건공기의 비열에는

$$정압비열 : c_{pa} = 1.006\,kJ/(kg\cdot℃)$$
$$정적비열 : c_{va} = 0.716\,kJ/(kg\cdot℃)$$

이 사용된다.

정압비열 c_{pa}와 정적비열 c_{va}의 비를 비열비라 하며 κ로 표현한다.

$$\kappa = c_{pa}/c_{va}$$

비열비 κ 는 같은 원자수의 기체분자에 대해서는 거의 같은 값이 된다.

단원자 분자의 기체 (헬륨, 아르곤 등) $\kappa \fallingdotseq 1.66$

2원자 분자의 기체 (수소, 산소 등) $\kappa \fallingdotseq 1.40$

3원자 이상의 기체 (이산화탄소 등) $\kappa \fallingdotseq 1.33$

공기는 혼합기체이지만 대부분이 N_2, O_2이므로 2원자 분자의 기체와 같다고 볼 수 있다.

6) **엔탈피** : 공기조화가 대상으로 하는 공기의 변화 과정에서는 에너지 보존법칙을 다음 식과 같은 엔탈피를 이용해서 나타낼 수 있다.

$$H = U + PV \quad \cdots\cdots\cdots\cdots\cdots\cdots\cdots\cdots\cdots\cdots (1.4)$$

여기서, H : 엔탈피[kJ]

　　　　U : 내부에너지[kJ]

　　　　P : 압력[kPa]

　　　　V : 체적[m³]

즉, 에너지 보존법칙은 다음과 같은 식으로 된다.

$$H_2 - H_1 = Q - W_t \quad \cdots\cdots\cdots\cdots\cdots\cdots\cdots\cdots (1.5)$$

여기서, H_2 : 어떤 변화 후의 공기의 엔탈피[kJ]

　　　　H_1 : 어떤 변화 전의 공기의 엔탈피[kJ]

　　　　Q : 변화 과정에서 공기에 가해진 열량[kJ]

　　　　W_t : 변화 과정에서 공기로부터 외부로 수행한 일

　　　　　(공업일)[kJ]

공기가 지니는 열량은 정확하게는 내부에너지 U 이지만 공기는 팽창·수축하기 때문에, 이를 위한 에너지를 고려한 엔탈피를 공기가 지니는 열량으로서 생각할 필요가 있다. 단위질량당의 엔탈피를 비엔탈피라 하는데, 습공기의 비엔탈피는 건공기 1 kg(DA)을 포함하는 습공기의 엔탈피로서 정의되어 0℃의 건공기를 기준으로 하고 있다.

비엔탈피의 단위는 [kJ/kg(DA)]이다.

어떤 온도 t[℃]의 건공기의 비엔탈피는 건공기의 정압비열이 1.006 kJ/(kg·℃)이기 때문에 다음 식으로 구할 수 있다.

$$h_a = 1.006\,t \text{ [kJ/kg]} \quad \cdots\cdots\cdots\cdots\cdots\cdots\cdots (1.6)$$

엔 탈 피

공기가 지니는 열량은 내부에너지이지만 공기가 팽창 또는 수축하는 데 필요한 에너지를 고려한 상태로 엔탈피가 있다. [kJ]로 나타낸다.

비엔탈피

건공기 1 kg당 몇 kJ의 엔탈피인가를 나타낸 것으로서, [kJ / kg (DA)]로 표현한다.

▶ **엔탈피의 차**

엔탈피는 정압비열에 의한 열량이므로

$H_2 - H_1$

$\quad = m c_p (T_2 - T_1)$

로 표현할 수 있다.

m은 질량, c_p 는 정압비열이다.

(2) 습공기의 물리적 성질

▶ **혼합기체의 특성**

혼합기체의 점성계수와 열전도율에 관해서는 Wilke가 상세한 계산식을 도출하였다.

▶ **습공기의 점성계수**

올바른 계산값으로서, Wilke의 식을 사용하지 않더라도 건공기의 점성계수와 포화증기의 점성계수로 구할 수 있다.

실용상 20℃의 점성계수는 18.4 μPa·s로 나타낼 수 있다.

1) 점성과 열전도율 : 습공기의 점성은 건공기와 수증기의 혼합기체이므로 혼합기체의 점성으로서 점성계수를 계산하여 구할 수 있다.

적어도 공기조화에서 대상으로 하는 범위에서는 건공기와 수증기의 각 점성계수를 몰분율(분압)로 가중시킨 평균값으로 근사적인 값을 구할 수 있다. 열전도율도 마찬가지로 구할 수 있다

습도가 높은 날에 볼이 잘 난다?

습도가 높은 날에 볼이 잘 난다는 점에서 공기저항을 생각하면, 20℃인 건공기의 점성계수는 18.6 μPa·s이고, 20℃인 포화증기의 점성계수는 9.00 μPa·s이므로 후자 쪽이 약 1/2 이 된다. 20 ℃의 포화공기에서는 점성계수가 18.4 μPa·s 이다. 20℃인 건공기의 밀도는 1.205 kg/m³이고, 20℃인 포화증기에서는 0.01729 kg/m³, 포화공기에서는 1.177 kg/m³이다. 점성계수나 밀도가 작아지면 공기저항도 작아진다. 따라서 "볼이 잘 난다!"는 말이 성립된다.

그러나 비가 내리면 물방울이 묻기도 하고 야구나 골프에서는 그립이 미끄러질 확률이 높기 때문에 "잘 튕긴다?"가 된다.

2) 밀도와 비체적 : 습공기의 경우, 포함되어 있는 수증기의 양에 따라 밀도가 변화된다. 건공기의 평균 분자량을 28.96 kg/kmol로 하면 수증기의 분자량은 18.02 kg/kmol이다. 따라서 수증기를 많이 포함할수록 밀도는 감소하고 비체적은 증가한다. 습공기의 비체적 v [m³/kg(DA)]는 다음 식으로 구할 수 있다.

$$v = 0.004555(0.622 + x) T \quad \cdots\cdots\cdots\cdots\cdots\cdots\cdots(1.7)$$

여기서, x : 1 kg의 건공기에 포함되어 있는 수증기의 양

[kg/kg(DA)]

T : 절대온도 $273.15 + t$ [K]

예를 들면 25℃인 건공기의 밀도는 표 1.3에서 1.184 kg/m³이고, 비체적은 0.8446 m³/kg이다. 이 건공기가 0.005 kg의 수증기를 포함하고 있을 경우 비체적은 0.8515 m³/kg(DA)이 되고, 0.015 kg의 경우 비체적은 0.8651 m³/kg(DA)이 된다.

3) 비열 : 습공기의 정압비열은 다음 식으로 구할 수 있다.

$$c_p = c_{pa} + x c_{pw} \; [\text{kJ}/(\text{kg}(\text{DA})\cdot\text{℃})] \quad \cdots\cdots\cdots\cdots\cdots (1.8)$$

여기서, c_{pa} : 건공기의 정압비열〔$=1.006\,\text{kJ}/(\text{kg}\cdot\text{℃})$〕

　　　　 c_{pw} : 수증기의 정압비열〔$=1.846\,\text{kJ}/(\text{kg}\cdot\text{℃})$〕

수증기를 많이 포함할수록 정압비열은 증가된다. 예를 들어 건공기 1 kg당 0.005 kg의 수증기를 포함하면 습공기의 정압비열은 1.014 kJ/〔kg(DA)·℃〕가 되고, 0.010 kg 의 수증기를 포함하면 1.023 kJ/〔kg(DA)·℃〕가 된다.

습공기의 정적비열은 다음 식으로 구할 수 있다.

$$c_v = c_{va} + x c_{vw} \; [\text{kJ}/(\text{kg}(\text{DA})\cdot\text{℃})] \quad \cdots\cdots\cdots\cdots\cdots (1.9)$$

여기서, c_{va} : 건공기의 정적비열〔$=0.718\text{kJ}/(\text{kg}\cdot\text{℃})$〕

　　　　 c_{vw} : 수증기의 정적비열〔$=1.385\text{kJ}/(\text{kg}\cdot\text{℃})$〕

4) 엔탈피 : 습공기의 비엔탈피는 건공기 1 kg의 엔탈피와 x 〔kg〕인 수증기의 비엔탈피의 합이므로 다음과 같이 나타낼 수 있다.

$$h = h_a + x h_w \; [\text{kJ}/\text{kg}(\text{DA})] \quad \cdots\cdots\cdots\cdots\cdots\cdots (1.10)$$

여기서, h_w = 수증기의 비엔탈피〔kJ/kg〕

어떤 온도 t 〔℃〕인 수증기의 비엔탈피 h_w 는 증기표로도 구할 수 있다. **증기표**란 온도나 온도 변화를 기준으로 하여 온도나 포화압력에 대한 비엔탈피 등을 수표로 정리한 것을 말하며 **표 1.5**에 나타내었다. 증기표에는 압력 변화를 기준으로 한 것도 있다. 또 증발잠열을 2501 kJ/kg로 하면 수증기의 정압비열이 1.846 kJ/(kg·℃)라는 점에서 다음 식으로도 구할 수 있다.

$$h_w = 2501 + 1.846 \, t \; [\text{kJ}/\text{kg}] \quad \cdots\cdots\cdots\cdots\cdots\cdots (1.11)$$

표 1.5 증기표(온도 기준)

온도 t 〔℃〕	포화압력 p 〔kPa〕	포화증기의 비체적 v 〔m³/kg〕	비엔탈피 h	
			포화수의 h 〔kJ/kg〕	포화증기의 h 〔kJ/kg〕
0	0.6112	206.3	-0.042	2501.6
10	1.228	106.4	41.99	2477.9
20	2.339	57.84	83.86	2454.3
30	4.246	32.93	125.7	2430.7
40	7.383	19.55	167.5	2406.9
50	12.35	12.05	209.6	2382.9

Exercise 1·3

건공기 1 kg에 대하여 0.01 kg의 수증기를 포함하고 있는 습공기에 대해 건구온도가 $t = 26℃$일 때의 비엔탈피를 구하라.

Answer

건구온도가 $t = 26℃$이므로 식 (1.10)으로 구한다.

$$h = h_a + xh_w = 1.006\,t + 0.01(2501 + 1.846\,t)$$
$$= 51.6 \text{ kJ/kg(DA)}$$

습공기의 엔탈피

*Exc. 1·3*의 별해로서, 수증기의 양을 고려하여 습공기의 정압비열을 계산하면 비열은 $c_p = 1.023 \text{ kJ/(kg·℃)}$가 된다.

비엔탈피를 마찬가지 방법으로 계산하면

$$h = 1.023 \times 26 + 0.01 \times (2501 + 1.846 \times 26) = 52.09 \text{kJ/kg(DA)}$$

가 된다. 또, 이 경우가 뒤의 *Exc. 1·7*에서 구하게 될 공기선도에서의 값과도 가깝다.

표 1.6 표준대기압 ($P = 101.325$ kPa)의 습공기표

온도	포화공기			건공기		포화 수증기압
t [℃]	절대습도 x_s [kg/kg(DA)]	비엔탈피 h_s [kJ/kg(DA)]	비체적 v_s [m³/kg(DA)]	비엔탈피 h_a [kJ/kg(DA)]	비체적 v_a [m³/kg(DA)]	P_s [kPa]
−10	0.001606	−6.072	0.7469	−10.06	0.7450	0.2599
−5	0.002486	1.163	0.7622	−5.029	0.7592	0.4018
0	0.003790	9.473	0.7781	0.000	0.7734	0.6112
5	0.005424	18.64	0.7944	5.029	0.7876	0.8725
10	0.007661	29.35	0.8116	10.06	0.8018	1.228
15	0.01069	42.11	0.8300	15.09	0.8160	1.705
20	0.01476	57.55	0.8498	20.12	0.8302	2.339
25	0.02017	76.50	0.8717	25.15	0.8444	3.169
30	0.02733	100.0	0.8962	30.19	0.8586	4.246
35	0.03675	129.4	0.9242	35.22	0.8728	5.628
40	0.04914	166.7	0.9568	40.25	0.8870	7.383
45	0.06541	214.2	0.9955	45.29	0.9012	9.593
50	0.08685	275.3	1.043	50.33	0.9154	12.35

5) 공기표 : 습공기의 다양한 상태값을 하나의 수표로 정리한 것이 **공기표**이며, **표** 1.6에 나타내었다.

　　표는 표준대기압 101.325 kPa에서의 건공기와 포화공기의 상태값을 나타내고 있다. 따라서 공기표는 포화공기의 상태값에 대해서는 정확하게 표시하고 있다.

1·3 습도의 표시방법

(1) 건구온도와 습구온도

a. 건구온도

일반적으로 온도라고 하면 건구온도를 말한다. 건조한 감온부를 지니고 있는 온도계(건구온도계)로 계측한 온도로서, 주위로부터 복사열을 받지 않는 상태에서 측정한다.

건구온도
보통 온도를 말할 때는 건구온도를 말한다.

b. 습구온도

감온부를 천으로 감싸고 그 한 쪽 끝에 물을 묻혀 감온부가 젖어있는 상태에서 습구온도계로 측정한 온도를 습구온도라 한다. 감온부 표면에서의 수증기 분압과 공기중의 수증기 분압차에 의한 수분 증발이 있기 때문에 증발된 잠열이 물에서 공기로 이동된다.

이 때문에 습구온도계의 온도가 내려가 공기에서 감온부로의 열전달이 발생한다. 열전달의 열량과 증발의 열량이 균형을 이루어 습구온도가 일정하게 된다. 주위 공기가 풍속 5 m/s 이상일 때의 습구온도는 단열포화온도라 볼 수 있다.

공기가 건조하다면 물의 증발률이 높아져 건구온도와 습구온도의 차이가 커진다.

예를 들어 건구온도 26℃에서 상대습도가 70 % 라면 습구온도는 22℃이다. 상대습도가 50 % 라면 습구온도는 19℃이다.

습구온도
감온부가 습한 상태에서 측정한다. 습구온도계가 나타내는 온도로서 평소에는 건구온도보다 낮은 값을 나타내지만 포화상태에서는 (건구온도)=(습구온도)가 된다.

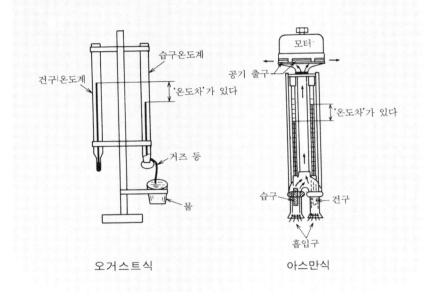

건습구온도계

건습구온도계에는 평소에 볼 수 있는 오거스트식과 실내환경 측정용으로 사용되는 아스만식이 있다. 전자는 간편하지만 오차가 크고 후자가 정확하다.

오거스트식 　　　　　　　　　　　아스만식

(2) 습도의 표시방법

습공기 중에 포함되어 있는 수증기량을 나타내는 지표를 **표 1.7**에 나타낸다.

절대습도

습공기 속에 포함된 수증기의 양을 건공기 1 kg 에 대한 비로 나타내면

〔kg/kg (DA)〕

이다.

수증기 분압

습공기의 압력은 건공기의 압력과 수증기 압력의 합이다. 수증기의 압력을 수증기 분압이라 한다.

건 공 기

건공기는 수증기를 전혀 포함하지 않는다. 수증기 분압은 물론 0이다.

1) **절대습도**: 건공기 1 kg당 x 〔kg〕의 수증기량이 포함되어 있을 때, x 〔kg/kg(DA)〕를 절대습도라 한다. 즉, 절대습도는 건공기 1 kg에 대한 수증기량 x 〔kg〕로 표시한다.

절대습도가 $x = 0$ 이라면 수증기를 포함하지 않는 것이므로 건공기이다.

(DA)는 건공기(dry air)를 의미한다.

2) **수증기 분압**: 습공기는 건공기와 수증기의 혼합기체로서, 대기압은, (대기압)=(건공기의 분압)+(수증기의 분압)으로 계산된다.

수증기량이 증가하면 수증기 분압도 커지지만 공기에 포함되어 있는 수증기량에는 한계가 있으며, 어느 온도의 공기가 포함할 수 있는 한계까지 수증기를 포함하고 있는 경우의 공기를 포화공기라 한다.

포화공기 이외의 습공기를 불포화공기라 한다. 수증기 분압 $p_w = 0$ 이라면 수증기를 포함하지 않는 것이므로 건공기이다.

절대습도와 수증기 분압의 관계에서는, 절대습도가 증가하면 수증기 분압 p_w 도 반드시 증가한다.

공기는 보일－샤를의 법칙이 성립되는 이상기체라 가정할 수 있으므로 수증기 분압 p_w 과 절대습도 x 와의 관계는 다음 식과 같다.

$$x = \frac{R_a}{R_w} \times \frac{p_w}{P - p_w} = 0.622 \times \frac{p_w}{P - p_w} \quad \cdots\cdots\cdots\cdots\cdots (1.12)$$

여기서, x : 절대습도〔kg/kg(DA)〕

P : 습공기의 전압(대기압)〔kPa〕

p_w : 수증기 분압〔kPa〕

R_a : 건공기의 기체상수〔$= 0.2870\,\text{kJ}/(\text{kg·℃})$〕

R_w : 수증기의 기체상수〔$= 0.4615\,\text{kJ}/(\text{kg·℃})$〕

불포화공기

평소에 접하는 공기는 불포화공기이다.

수증기를 포함하는 비율이 생활환경을 좌우한다.

습도의 변화도 수증기를 포함하는 비율의 변화에 따라 일어난다.

포화공기

어떤 온도에서 포함할 수 있는 한계까지의 수증기를 포함한 습공기를 말한다. 상대습도나 포화도는 100 % 를 나타낸다.

표 1.7 습도의 표시

지표	기호	단위	정의
절대습도	x	kg/kg (DA)	습공기 중 수증기의 건공기에 대한 질량 ($x=0$: 건공기)
수증기 분압	p_w	kPa	습공기 중의 수증기가 나타내는 수증기 분량의 압력($p_w = 0$: 건공기) ($p_w = p_{ws}$: 포화공기)
상대습도	ϕ	%	수증기 분압과 같은 온도인 포화공기의 수증기 분압과의 비율
포화도 (비교습도)	ψ	%	공기의 절대습도 x와 그것과 같은 온도인 포화공기의 절대습도 x_s 와의 비율
노점온도	t''	℃	어떤 공기에 대하여 같은 수증기 분압을 가지는 포화공기의 온도
습구온도	t'	℃	건구온도계의 감열부를 천으로 싸고 물에 적신 상태에서 측정한 온도

Exercise 1·4

표준대기압(101.325 kPa)에서, 25℃인 포화공기의 절대습도 x_s를 구하라.

Answer

공기표에서 25℃의 포화수증기 분압 $p_{ws} = 3.1660$ kPa 을 구하고 식 (1.12)에서 포화공기의 절대습도 x_s를 구한다.

$$x_s = 0.622 \times \frac{3.1660}{101.325 - 3.1660} = 0.0201 \text{ kg/kg(DA)}$$

상대습도

어떤 상태의 수증기 분압이, 동일 온도에서 포화공기의 수증기 분압의 어느 정도 비율인지를 백분율로 나타낸 것이다.

습도 몇 %라고 할 때는 이 상대습도를 말하는 경우가 많다.

3) **상대습도** : 습공기의 수증기 분압이 같은 온도에서 포화공기의 수증기 분압에 대한 비율을 백분율로 나타낸 것을 말한다. 감각적인 습도 표시에 이용되는 바, 일상 생활에서 습도라 하면 상대습도를 말하는 경우가 많다. 상대습도는 다음과 같은 식으로 나타낸다.

$$\phi = \frac{p_w}{p_{ws}} \times 100 \, [\%] \quad \cdots\cdots\cdots\cdots\cdots\cdots (1.13)$$

여기서, p_w : 공기의 수증기 분압 [kPa]

$\quad\quad\quad p_{ws}$: 같은 온도에서의 포화공기의 수증기 분압 [kPa]

건공기에서 포화공기로 이행함에 따라 체적은 조금이나마 증가한다. 따라서 습공기의 밀도는 감소되고 비체적은 증가한다. 예를 들어 건구온도가 30℃라면 건공기의 비체적 $v_a = 0.8586 \, \text{m}^3/\text{kg(DA)}$로부터 포화공기의 비체적 $v_s = 0.8962 \, \text{m}^3/\text{kg(DA)}$로 된다.

Exercise 1·5

표준대기압(101.325 kPa)에서 건구온도가 30℃이고 상대습도가 60 %인 습공기의 수증기 분압을 구하라.

Answer

공기표에서 30℃의 포화수증기 분압 $p_{ws} = 4.245$ kPa를 구하고 식 (1.13)의 변형식인

$$p_w = \frac{\phi}{100} \times p_{ws}$$

에 대입하면, $p_w = (60/100) \times 4.245 = 2.547$ kPa

4) **포화도**(비교습도) : 절대습도 x 와 동일한 온도에서 포화공기의 절대습도 x_s 의 비율을 포화도 또는 비교습도라 한다. 포화도는 다음과 같은 식으로 나타낸다.

$$\phi = \frac{x}{x_s} \times 100 \, [\%] \qquad \cdots\cdots\cdots\cdots\cdots\cdots\cdots (1.14)$$

상대습도와 포화도는 온도가 높아지면 차이가 커지지만 상온 부근에서는 거의 같은 값이 된다.

5) **노점온도** : 온도가 높은 공기는 많은 수증기를 포함할 수 있지만 그 공기의 온도를 내리면 어느 온도에서 포화상태에 도달하고(상대습도 $\phi = 100\%$), 온도를 더 내리면 수증기의 일부가 응축되어 이슬이 발생한다. 이 때의 온도를 노점온도라 한다.

노점온도는 수증기 분압에 대하여 일정한 값을 나타낸다. 이 수증기 분압은 노점온도에서의 포화수증기압과 같다.

Exercise 1·6

표준대기압(101.325 kPa)에서 건구온도가 30℃이고 상대습도가 60 %인 습공기의 노점온도를 구하라.

Answer

*Exc. 1·5*를 보면, 수증기 분압 $p_w = 2.547 \, \text{kPa}$이다. 공기표의 값에서 21℃와 22℃ 사이에 있다는 것을 알 수 있으며, 또한 직선보간(비례배분)에 의해 노점온도 t''는

$$t'' = 21 + \frac{2.547 - 2.488}{2.645 - 2.488} \times 1 = 21.38 \, ℃$$

1·4 습공기선도

(1) 공기선도의 종류와 용도

공기표는 앞서 말한 바와 같이 포화공기의 상태값에 관해서는 정확하

지만 실제 공기의 대부분을 차지하는 불포화공기의 상태에서는 계산을 해야 한다. 또 각각의 상호관계도 파악하기가 어렵다. 그래서 각각을 비교 대조하여 선도로 나타낸 것이 습공기선도이다.

공기선도에는 절대습도 x 와 비엔탈피 h 를 사교좌표에 그려 넣은 "$h-x$선도"와 절대습도 x 와 건구온도 t 를 직교좌표에 그려 넣은 "$t-x$ 선도", 그리고 건구온도 t 와 비엔탈피 h 를 직교좌표에 그려 넣은 "$t-h$ 선도" 등이 있다.

$h-x$ 선도

일반적으로 공기선도라 하면 "$h-x$선도"를 말한다.

그림의 종축에 절대습도, 횡축에 건구온도, 경사축에 비엔탈피를 그려 넣는다.

1) $h-x$ 선도 : 경사축에 비엔탈피 h , 종축에 절대습도 x 를 사교좌표의 형태로 작성한 선도이다. 일반적으로 "공기선도"라 하면 이 "$h-x$ 선도"를 의미한다.

사무실 공조와 같이 사람을 대상으로 한 보건용 공기조화나 대부분의 산업용 공기조화에서는 극단적인 저온·고온의 공기를 취급하는 일은 없기 때문에(NC선도라 불리우는) $-10 \sim 50 ℃$의 온도범위를 가지는 것으로 충분하다. 공기선도라 하면 이 "NC선도"를 말하는 경우가 많다.

NC선도에는 대응할 수 없는 저온역에 대한 것으로서 $t = -40 \sim 10$ ℃, $x = 0 \sim 0.007 \, kg/kg(DA)$의 LC선도가 있다. 또 NC선도에서는 대응할 수 없는 고온역에 대한 것으로서 $t = 0 \sim 120℃$, $x = 0 \sim 0.20 \, kg/kg(DA)$의 HC선도가 있다.

NC선도를 **그림 1.3**에, LC선도를 **그림 1.4**에, HC선도를 **그림 1.5**에 나타낸다.

$h-x$ 선도는 다른 선도에 비해 이론적인 계산을 하는 경우에 우수하고 정확하게 선도를 그릴 수 있다는 특징이 있다. 건구온도 t , 습구온도 $t´$, 노점온도 $t″$, 상대습도 ϕ , 비엔탈피 h , 절대습도 x , 비체적 v , 수증기 분압 p_w 가 기입되고, 이들 가운데 두 개의 값을 정하면 습공기선도 상의 상태점이 결정되며 나머지의 상태값을 모두 구할 수 있다. **그림 1.6**은 $h-x$ 선도의 핵심을 나타낸다.

그림 1.6과 같이 $h-x$ 선도의 핵심은 절대습도를 세로방향으로 눈금 매김하며, 등절대습도선과 일정한 기울기로 왼쪽 위에서 오른쪽 아래로 비엔탈피선이 그어져 있고, 0℃인 건공기의 비엔탈피를 $h=0$ kJ/kg(DA)로 하고 있다.

또한 포화공기의 절대습도와 습공기와 온도의 관계를 하나의 곡선으로 나타낼 수 있는데, 이것을 포화곡선이라 한다(상대습도 $\phi = 100\%$

이다). 이 포화곡선을 기준으로 하여 불포화습공기의 등상대습도선을 곡선으로 나타내고 있다.

포화곡선과 각 건구온도선과의 교점에 t〔℃〕= t'〔℃〕의 습구온도 눈금이 표시되어 있으며, 등습구온도선은 포화곡선에서 좌상과 우하에 점선으로 나타나 있다.

등비체적선도 오른쪽 아래로 얇은 선에 의하여 제시된다. 등건구온도선은 횡축의 절대습도선에 대해 수직인 선이 아니며 또한 서로 완전한 평행선도 아니다.

2) $t-x$ 선도 : 횡축에 건구온도 t, 종축에 절대습도 x를 직교좌표로 나타내어 작성된 선도로서, 캐리어 선도라고도 한다.

$t-x$ 선도 는 실용면에서 사용하기 쉽다는 점에 중점을 두고 있다. **그림** 1.7과 같은 $t-x$ 선도의 사용방법은 $h-x$ 선도와 거의 같지만 등습구온도선은 비엔탈피선으로 대용하고 있다.

습구온도가 같은 공기에 대해 상태가 달라지더라도 비엔탈피는 같은 값으로서 취급되고 있다.

또 포화공기의 비엔탈피와의 차이를 별개의 곡선으로 나타내고 있는데 이 값은 극히 작다. 비엔탈피의 차 $\varDelta h$를 다음과 같은 식으로 나타낸다.

$$\varDelta h = h - h_s' = (x - x_s')\,h_c' \quad\cdots\cdots\cdots\cdots\cdots\cdots\cdots\cdots (1.15)$$

여기서, h : 비엔탈피〔kJ/kg(DA)〕

        h_s' : 습구온도 t'인 포화공기의 비엔탈피〔kJ/kg(DA)〕

        x : 건구온도 t인 습공기의 절대습도〔kg/kg(DA)〕

        x_s' : 습구온도 t'의 포화공기의 절대습도〔kg/kg(DA)〕

        h_c' : 습구온도 t'인 물의 비엔탈피($h_c' = 4.186\,t'$)

        〔kJ/kg〕

> **$t-x$ 선도**
>
> $h-x$ 선도와 핵심은 매우 비슷하지만 등습구온도선을 비엔탈피선으로 대용하여 실용적인 면에 중점을 두고 있다.

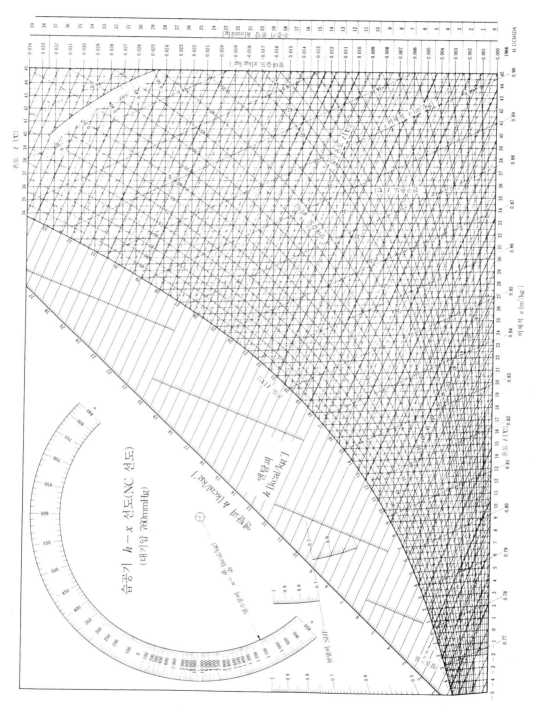

그림 1.3 NC 선도

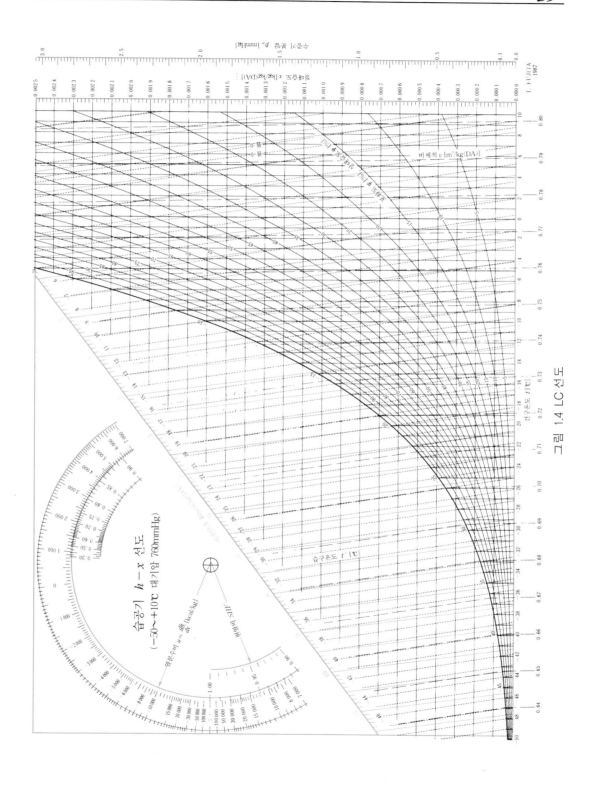

그림 1.4 LC 선도

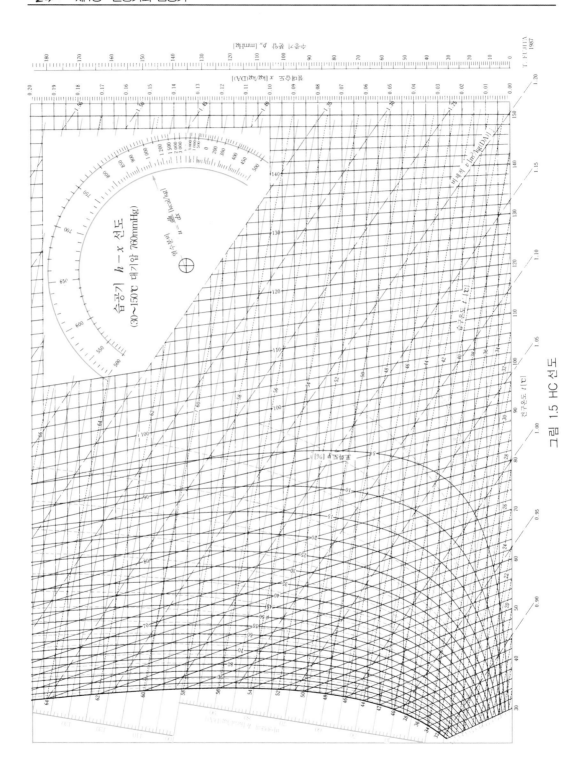

그림 1.5 HC 선도

3) $t-h$ 선도 : 횡축에 건구온도 t, 종축에 비엔탈피 h 를 직교좌표로 나
타내어 작성된 선도로, 전 압력에 대한 온도 t 에서 포화상태의 비엔탈
피를 곡선으로 선도상에 나타낸다. 절대습도 x 선은 상호간에 거의 평
행하며(**그림 1.8**), 습구온도가 같다. 공기의 비엔탈피는 그 온도의 포
화공기의 비엔탈피와 거의 같도록 한다. 이 **$t-h$ 선도**는 공기의 온습
도 조절의 계산이나 공기의 상태변화를 구하는 경우에 편리하다.
　　냉각탑이나 에어와셔 등으로 물과 공기가 직접 접촉하는 경우의 해석에
편리한데, 예를 들어 $t-h$ 선도 상에 비엔탈피 h 의 공기와 온도 t 인 물
이 접촉하고 있는 상태(점 A로 한다)를 표현하면 **그림 1.9** 와 같이 된다.

<table>
<tr><td>$t-h$ 선도</td></tr>
<tr><td>건구온도를　횡축에 잡고 비엔탈피를 종축에 잡은 직교좌표의 선도이다.
　물과 공기가 접촉되어 있는 상태에서 이용하면 편리하다.</td></tr>
</table>

<table>
<tr><td>열수분비</td></tr>
<tr><td>공기의 상태를 변화시키는 경우에 절대습도의 변화량에 대한 비엔탈피 변화량의 비율을 말한다.
　$u = \Delta h / \Delta x$
로 표현된다.</td></tr>
</table>

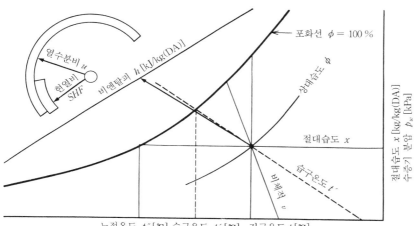

그림 1.6 $h-x$ 선도의 핵심 구성

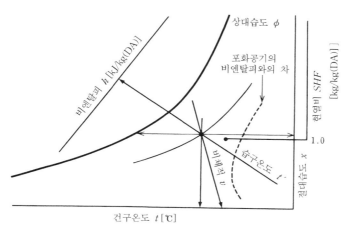

그림 1.7 $t-x$ 선도의 핵심 구성

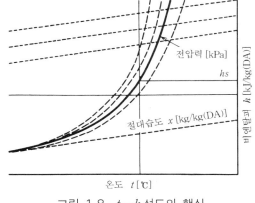

그림 1.8 $t-h$ 선도의 핵심

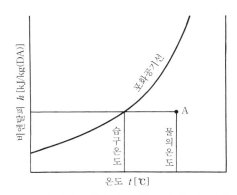

그림 1.9 접촉하는 공기와 물의 상태

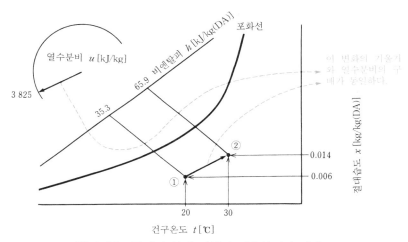

그림 1.10 공기의 상태 변화와 열수분비의 관계

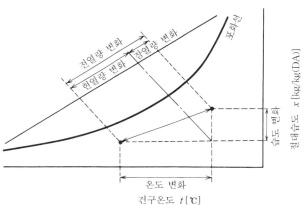

그림 1.11 현열비의 개념도

(2) 습공기선도에 사용되는 용어의 보완

1) **열수분비** : 공기의 상태가 변하고 그때의 열량과 절대습도의 변화량이 각각 Δh, Δx 이었다고 한다면 열수분비(熱水分比) u [kJ/kg]는 다음 식으로 정의된다.

$$u = \Delta h / \Delta x \quad \cdots\cdots\cdots\cdots\cdots\cdots\cdots\cdots\cdots\cdots\cdots(1.16)$$

　두 가지 상태의 공기를 고려하여 ①의 상태를 $t = 20\,℃$, $x = 0.006$ kg/kg(DA), ②의 상태를 $t = 30\,℃$, $x = 0.014$ kg/kg(DA)로 한다면 각각의 비엔탈피는 $35.3\,kJ/kg(DA)$와 $65.9\,kJ/kg(DA)$이므로 열수분비는 $u = (65.9 - 35.3)/(0.014 - 0.006) = 3825\,kJ/kg$이 된다.

　공기선도 상에서 ①에서 ②의 상태로 **그림 1.10**과 같이 열수분비 u 의 값이 주어진 구배와 평행하게 변화한다.

2) **현열비** : 전체 열량 변화(현열량 변화＋잠열량 변화)에 대한 현열량 변화의 비율을 의미하며 습공기의 상태 변화를 파악하는 데에 이용할 수 있다.

　　Sensible Heat Factor를 약칭하여 SHF 라고도 한다.
　　습공기의 상태 변화를 공기선도 상에 나타내면 **그림 1.11**과 같다.

현 열 비

현열량의 　전열량에 대한 비율을 현열비라 하며 SHF로 표현한다.

　현열량을 q_s 로 하고 잠열량을 q_L 로 하면 현열비 SHF는

$$SHF = \frac{q_s}{q_s + q_L}$$

으로 된다.

---

(3) 예제

공기선도를 사용하자.

1) 비엔탈피를 구한다.

Exercise 1 · 7

　어떤 습공기의 건구온도가 $t = 26\,℃$, 절대습도가 $x = 0.010\,kg\,/kg$ (DA)일 때의 비엔탈피를 구하라.
(*Exc. 1 · 3* 의 계산에서 구한 값)

Answer

　습공기선도를 이용하여 **그림 1.12** 와 같이 구한다.

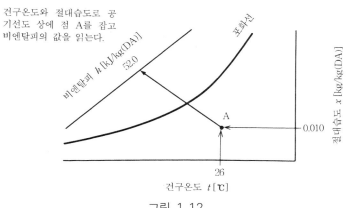

건구온도와 절대습도로 공
기선도 상에 점 A를 잡고
비엔탈피의 값을 읽는다.

그림 1.12

따라서 비엔탈피 $h \fallingdotseq 52.0$ kJ/kg(DA)이다.

2) 절대습도를 구한다.

Exercise 1·8

표준대기압(101.325 kPa)에서 25℃의 포화공기의 절대습도를 구하라.

포화공기의 절대습도를 x_s로 한다.

(*Exc. 1·4* 의 계산에서 구한 값)

Answer

습공기선도를 이용하여 **그림 1.13**과 같이 구한다.

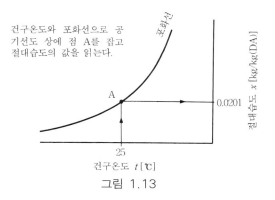

건구온도와 포화선으로 공
기선도 상에 점 A를 잡고
절대습도의 값을 읽는다.

그림 1.13

따라서, 절대습도 $x \fallingdotseq 0.0201$ kg/kg(DA)

3) 노점온도와 결로수량을 구한다.

Exercise 1·9

표준대기압(101.325 kPa)에서 건구온도 $t = 40℃$, 절대습도 $x = 0.030$ kg/kg(DA)인 상태의 습공기를 26℃까지 냉각시킬 때 1kg(DA)의 공기당 결로수량을 구하라.

Answer

습공기선도를 이용하여 **그림 1.14**과 같이 구한다.

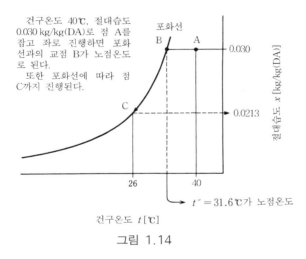

그림 1.14

따라서, 노점온도 $t'' ≒ 31.6℃$, 결로수량 약 8.7 g이 구해진다.

4) 건구온도와 습구온도로부터 모든 양을 구한다.

Exercise 1·10

표준대기압 (101.325 kPa)에서 건구온도 $t = 30℃$, 습구온도 $t' = 24℃$인 습공기의 모든 양(절대습도 x, 상대습도 ϕ, 포화도 ψ, 노점온도 t'', 비엔탈피 h, 비체적 v)을 구하라.

Answer

습공기선도를 이용하여 **그림 1.15** 와 같이 각각의 상태값을 구한다.

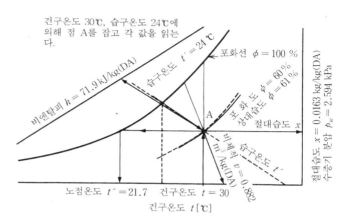

그림 1.15

따라서, 절대습도 $x ≒ 0.0163\mathrm{kg/kg(DA)}$

상대습도 $\phi ≒ 61\%$

포화도 $\phi ≒ 60\%$

노점온도 $t'' ≒ 21.7\,℃$

비엔탈피 $h ≒ 71.9\,\mathrm{kJ/kg(DA)}$

비체적 $v ≒ 0.882\,\mathrm{m^3/kg(DA)}$

공조 프로세스의
습공기선도 상에서의 표현

2·1 단위조작의 공기선도 상에서의 표현

실내의 온열환경을 쾌적한 상태로 조정하기 위해 냉방시에는 건조하고 차가운 공기를, 난방시에는 습하고 따뜻한 공기를 실내에 공급할 필요가 있다. 이를 위해서는 공기를 냉각·감습하거나 가열·가습하기 위한 장치가 필요한데, 이것을 **공기조화기**라 부른다. 공기조화기는 공기중에 포함되어 있는 먼지를 제거하기 위한 에어 필터, 공기를 냉각·감습하기 위한 냉각코일, 공기를 가열하기 위한 가열코일, 공기를 가습하기 위한 가습기 및 덕트를 통하여 공기를 반송하기 위한 송풍기로 구성되어 있다. 또 실내의 공기를 청정한 상태로 유지하기 위해서는 실내에서 공기조화기로 되돌아오는 공기에 신선한 외기를 일정 비율로 혼합하여 실내에 공급할 필요가 있다. 이와 같이 공기조화기는 냉난방에 요구되는 소요 온습도의 공기를 만들기 위해 공기를 혼합, 냉각, 가열, 감습 또는 가습의 조작이 이루어진다. 이들 각각의 공기조작을 단위조작이라 부르며 여기에서는 **단위조작**의 공기선도 상에서의 표현방식과 단위조작에 필요한 냉각열량, 가열량, 가습량 및 감습량 등의 계산법에 관하여 설명한다.

> **공기조화기란**
>
> 공기조화기는 공기 중 먼지를 제거하고 공기의 온습도를 조정하기 위한 장치로서, 필터, 냉각코일, 가열코일, 가습기 및 송풍기로 구성되어 있다.
>
> ▶ **공기조화기의 조작**
>
> 보통의 냉각시에는 공기조화기 내의 냉각코일과 송풍기를 작동시킨다. 최대 냉방부하에 비해 냉방부하가 작을 때나 잠열부하가 커서 재열이 필요할 때는 냉방시에도 가열코일을 작동시킨다. 난방시에는 가열코일, 가습기 및 송풍기를 작동시킨다.

> **일본에서의 냉방의 시작**
>
> 일본에서의 냉방은 1907년에 住友 총본점(大阪)에서의 우물물을 이용한 정수 냉방이 시초로 기록되어 있다. 그 후, 1909년에는 鐘紡 山科공장에서 증기냉각방식에 의한 온·습도조절이 실시되었지만 공업용 공기조화로 냉동기에 의한 본격적인 냉방이 실시된 것은 1921년 이후이다. 인체를 대상으로 한 본격적인 보건용 공기조화는 1917년의 九原房之助邸(神戶)에서 탄산가스식 냉동기에 의한 냉방이 최초이다.

(1) 혼합

그림 2.1에 나타낸 ①의 상태인 공기 k_1 [kg(DA)]과 ②의 상태인 공기 k_2 [kg(DA)]를 혼합하면, 혼합 후 공기 ③의 비엔탈피 h_3 [kJ/kg(DA)],

절대습도 x_3〔kg/kg(DA)〕 및 건구온도 t_3〔℃〕는 각각 식 (2.1), (2.2), (2.3)으로 표현된다.

$$h_3 = \frac{k_1 h_1 + k_2 h_2}{k_1 + k_2} \quad\cdots\cdots\cdots\cdots\cdots\cdots\cdots (2.1)$$

$$x_3 = \frac{k_1 x_1 + k_2 x_2}{k_1 + k_2} \quad\cdots\cdots\cdots\cdots\cdots\cdots\cdots (2.2)$$

$$t_3 \fallingdotseq \frac{k_1 t_1 + k_2 t_2}{k_1 + k_2} \quad\cdots\cdots\cdots\cdots\cdots\cdots\cdots (2.3)$$

식 (2.1)은 혼합 전의 에너지와 혼합 후의 에너지가 같다는 에너지 보존법칙을 나타내는 식이고, 식 (2.2)는 혼합 전과 혼합 후의 수증기량은 같다는 질량 보존법칙을 나타내는 식이다. 식 (2.3)은 근사식이지만 이 식을 이용해도 실용상으로 문제는 없다.

공기선도 상에서 혼합 후의 상태 ③을 구하는 데에는 ①과 ②를 연결하는 선분을 ①측에서 $k_2 : k_1$에 비례배분하는 점으로 ③을 정하면 된다. 그 이유는 비례식 $(h_2 - h_3) : (h_3 - h_1) = k_1 : k_2$ 를 정리하면, 식 (2.1)이 얻어진다는 점에서 명백하다.

▶ **식 (2.3)은 근사식**

식 (2.1)은 정확하게 성립되는 식이지만 식 (2.3)은 근사식이다. 그 이유는 제1장에서 건구온도의 함수로서 표현된 엔탈피의 정의식을 식 (2.1)에 대입해 보면 이해할 수 있다.

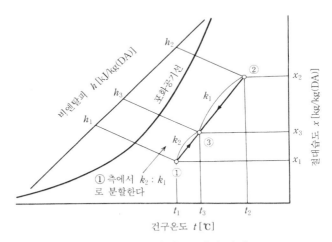

그림 2.1　혼합 후 공기의 상태

Exercise 2·1

건구온도 $t_1 = 26\,℃$, 상대습도 $\phi_1 = 50\%$인 공기 ①과 건구온도 $t_2 = 33\,℃$, 상대습도 $\phi_2 = 70\,\%$인 공기 ②를 7:3으로 혼합한다. 혼합 후

공기 ③의 건구온도 t_3, 상대습도 φ_3, 절대습도 x_3, 비엔탈피 h_3 및 비체적 v_3 를 구하라.

Answer

그림 2.2 에 나타낸 공기선도 상에 공기 ①과 ②의 상태점을 주어진

**혼합 후의 공기상태
구하기는 간단**

그림 2.1에 나타낸 ①과 ②의 공기상태를 $k_2 : k_1$ 의 비율로 혼합했을 때, 혼합 후의 공기상태 ③은 공기선도 상에서 단지 선분 ①② 를 ①측에서 $k_2 : k_1$ 로 비례배분한 점이 된다.

▶ **두 종류의 공기
k_1 [kg(DA)]과 k_2 [kg(DA)] 를 혼합한다는 의미**

실제로는 건공기 k_1 [kg(DA)]를 포함하는 습공기 $k_1(1+x_1)$ kg 과 건공기 k_2 [kg(DA)] 를 포함하는 습공기 $k_2(1+x_2)$kg을 혼합한다는 것을 의미한다.

▶ **혼합형식의 응용**

혼합의 형식은 냉각코일에서의 냉각감습, 에어와셔에서의 냉각감습·단열변화·냉각가습 등 단위조작의 여러 다방면으로 응용된다.

$$h_3 = \frac{7 \times 52.9 + 3 \times 90.8}{3 + 7} = 64.3 \text{ kJ/kg(DA)}$$

$$x_3 = \frac{7 \times 0.0105 + 3 \times 0.0226}{3 + 7} = 0.0141 \text{kg/kg(DA)}$$

$$t_3 \fallingdotseq \frac{7 \times 26 + 3 \times 33}{3 + 7} = 28.1\,℃$$

(2) 가열

공기를 가열코일이나 전열기 등으로 가열하는 경우, 건공기 1kg (DA) 중의 수증기량은 변하지 않기 때문에 절대습도는 일정한 상태로 비엔탈피가 증가한다. 이 변화를 공기선도 상에 나타내면 **그림 2.3**과 같이 된다. 공기유량을 G [kg(DA)/h], 비엔탈피를 h [kJ/kg (DA)], 절대습도를 x [kg/kg(DA)]로 하면 가열코일 입구의 상태 ①에서 출구의 상태 ②까지 가열하는 데에 필요한 열량 q_h [kW]는 식 (2.4)로 표현된다.

$$q_h = G(h_2 - h_1)/3600 \quad \cdots\cdots\cdots\cdots\cdots\cdots (2.4)$$

이것은 습공기의 정압비열 c_p [kJ/kg(DA)·℃]와 건구온도 t [℃]를 이용하여 식 (2.5)로 나타낼 수도 있다.

$$q_h = c_p G(t_2 - t_1)/3600 \quad \cdots\cdots\cdots\cdots\cdots\cdots (2.5)$$

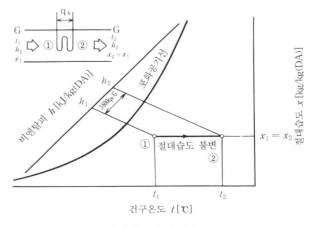

그림 2.3 가열조작

풍량 $V[\text{m}^3/\text{h}]$는 비체적 $v[\text{m}^3/\text{kg(DA)}]$를 이용하여 식 (2.6)으로 나타낼 수 있으며, 비체적이 입구와 출구에서 달라지기 때문에 일정하다고는 할 수 없다.

$$V = Gv \quad \cdots\cdots\cdots\cdots\cdots\cdots\cdots\cdots\cdots\cdots\cdots (2.6)$$

일반적으로 공조시스템의 공기 반송계 각 부에서의 공기온도는 다르므로 비체적이 변화하여 실제의 풍량으로는 상호 비교가 어렵다. 그래서 일반적으로 온도 20℃, 압력 101.3 kPa(1표준대기압)인 **표준공기**의 풍량으로 환산하여 표현한다. 표준공기의 비체적 $v_0 [=0.83\,\text{m}^3/\text{kg(DA)}]$와 표준공기로의 환산풍량 V_0를 이용하면 질량유량 G는

$$G = \frac{V_0}{v_0} = \frac{V_0}{0.83} \quad \cdots\cdots\cdots\cdots\cdots\cdots\cdots\cdots\cdots (2.7)$$

이 되므로 식 (2.4)는

$$q_h = \frac{V_0}{0.83}\,(h_2 - h_1)/3{,}600 \quad \cdots\cdots\cdots\cdots\cdots (2.8)$$

로 나타낸다. 또 습공기의 비열은 제1장에서 기술한 바와 같이 정확하게는 절대습도 x의 함수이지만 $c_p \fallingdotseq 1.006\,\text{kJ}/[\text{kg(DA·℃)}]$로 근사할 수 있으므로 식 (2.5)는

$$q_h = 1.21\,V_0(t_2 - t_1)/3600 \quad \cdots\cdots\cdots\cdots\cdots\cdots (2.9)$$

로 나타낼 수 있다. 가열량 q_h의 계산에는 주어진 조건에 따라 식 (2.4), (2.5), (2.8), (2.9) 중에서 사용하기 쉬운 것을 이용하면 된다.

> **체적풍량은 표준공기를 이용하여**
>
> 온도 20℃, 압력 101.3 kPa(1표준대기압)의 공기를 표준공기라 부른다. 표준공기의 비체적은 $0.83\,\text{m}^3/\text{kg(DA)}$이다. 풍량의 상호 비교가 용이하므로 표준공기 환산풍량이 일반적으로 이용된다.

Exercise 2·2

건구온도 14℃, 상대습도 50 % 인 공기를 33℃까지 가열할 때의 필요 가열량을 구하라. 단, 표준공기 환산풍량은 500 m^3/h로 한다.

Answer

이 예제에서는 공기풍량과 건구온도가 주어져 있으므로 식 (2.9)를 이용하여 바로 계산할 수 있다. 제시조건을 식 (2.9)에 대입하면

$$q_h = 1.21 \times 500 \times (33 - 14) \div 3600 \fallingdotseq 3.19\,\text{kW}$$

가 얻어진다.

식 (2.8)을 이용할 때는 공기선도에서 $h_1 = 28\text{kJ/kg(DA)}$, $h_2 = 47\text{ kJ/kg(DA)}$이므로, 이것을 식 (2.8)에 대입하여

$$q_h = \frac{500}{0.83} \times (47 - 28) \div 3600 = 3.18 \text{ kW}$$

를 얻는다. 위의 해와는 0.4% 정도 차이가 있지만 이것은 판독 오차에 의한 것이다.

열류단위 〔kJ/h〕에서 〔kW〕로의 변환

열류 1W란 1초 동안에 1J의 열량이 흐르는 것으로서,

$$1\text{W} = 1\text{J/s}$$

의 관계가 성립한다. 따라서

$$1 \text{ kW} = 1 \text{ kJ/s} = 3600 \text{ kJ/h}$$

가 되므로 X〔kJ/h〕를 〔kW〕의 단위로 환산하는 데에는 X를 3600 으로 나누어 $X/3600$ 〔kW〕로 하면 된다. 반대로 Y〔kW〕를 〔kJ/h〕의 단위로 환산하는 데에는 Y를 3600 배 하여 3600 Y 〔kJ/h〕로 하면 된다.

(3) 냉각

감습을 수반하는 냉각

냉각코일의 표면온도가 입구공기의 노점온도보다 낮을 때는 코일 표면에서 결로가 발생하여 공기중의 수증기량이 감소된다. 따라서 공기선도 상에서는 건구온도와 절대습도가 함께 저하되는 좌경사의 수평한 변화가 된다.

장치노점온도를 근사적으로 구하는 방법

장치노점온도(ADP)를 정확하게 구하기는 어렵지만 근사적으로는 냉각코일 입구수온과 출구공기 습구온도의 평균값으로 구할 수 있다.

습공기를 냉각코일에서 냉각하는 경우, 코일의 표면온도가 습공기의 노점온도 이하일 때는 습공기 중의 수증기 일부가 응축되고 결로수로 되어 공기에서 제거되기 때문에 냉각에 의해 엔탈피가 감소됨과 동시에 절대습도가 저하된다. 즉, 냉각감습이 된다.

냉각코일 입구의 공기상태를 ①, 출구의 상태를 ②로 하면 공기선도 상에서는 **그림 2.4**에 나타낸 변화로서 표현된다. 선분 ①②의 연장선과 포화공기선과의 교점 P의 온도 t_p는 냉각코일 표면의 대표적인 온도로서, **장치노점온도**라 불린다. 이것을 정확하게 구하기는 어렵지만 근사적으로는 냉각코일 입구수온과 출구공기의 습구온도 평균값으로 구하고 있다.

공기의 혼합형식을 보면 ②의 출구공기 상태는 냉각코일에서 장치노점온도까지 충분히 냉각된 점 P의 포화공기와 냉각코일에 접촉되지 않고 그대로 통과한 ①의 공기와의 혼합공기라 볼 수 있다. 이러한 의미에서

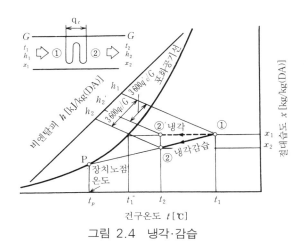

그림 2.4 냉각·감습

선분 $\overline{\text{P②}}$와 선분 $\overline{\text{P①}}$의 비를 **바이패스 팩터**라 부른다. ②의 점이 선분 $\overline{\text{P①}}$의 어디로 올 것인가는 냉각코일의 열수나 성능에 의존한다. 공기유량 G [kg(DA)/h]의 습공기 ①을 ②까지 냉각하는 데에 필요한 열량 q_c [kW]는 식 (2.10) 또는 식 (2.11)로 구할 수 있으며 냉각코일에서 제거되는 수분량 L [kg/h]은 식 (2.12)로 구할 수 있다.

$$q_c = G(h_1 - h_2)/3600 \quad \cdots\cdots\cdots\cdots\cdots\cdots\cdots\cdots (2.10)$$

$$q_c = \frac{V_0}{0.83}(h_1 - h_2)/3600 \quad \cdots\cdots\cdots\cdots\cdots (2.11)$$

$$L = G(x_1 - x_2) \quad \cdots\cdots\cdots\cdots\cdots\cdots\cdots\cdots (2.12)$$

냉각코일의 표면온도가 냉각코일 입구 습공기의 노점온도 t_1'' 보다 높을 때는 수증기의 응축이 발생하지 않으므로 절대습도 일정인 상태로 엔탈피가 감소된다. 공기선도 상에서는 그림 2.4의 점선 ①에서 ②′로 변화한다. 이 경우 냉각에 필요한 열량 q_c'는 식 (2.10)과 식 (2.11)의 h_2를 h_2'로 치환하여 구할 수 있지만 건구온도차를 이용하여 식 (2.13)으로 구해도 된다.

$$q_c' = c_p G(t_1 - t_2)/3600$$

$$\fallingdotseq 1.21 \, V_0(t_1 - t_2)/3600 \quad \cdots\cdots\cdots\cdots\cdots (2.13)$$

Exercise 2·3

 장치노점온도 9℃에서 바이패스 팩터가 26.3 %인 냉각코일을 이용하여 건구온도 28℃, 상대습도 60%인 습공기를 냉각감습할 때, 냉각코일 출구의 공기상태(건구온도와 절대습도)를 구하라. 또 표준공기 환산풍량을 10000 m³/h로 할 때 코일에서 제거되는 전 열량 q_c와 수분량 L을 구하라.

Answer

 그림 2.5와 같이 냉각코일 입구의 습공기 상태 ①과 장치노점온도에 대한 포화공기의 상태점 P를 공기선도 상에 표시하고 선분 $\overline{①\text{P}}$를 P측에서 26.3 : 73.7로 비례배분하는 점으로 하여 코일 출구의 공기상태 ②를 정한다.

 이 점의 건구온도와 절대습도를 공기선도에서 판독하면,

$$t_2 \fallingdotseq 14.0\,℃, \quad x_2 \fallingdotseq 0.0090 \text{ kg/kg(DA)}$$

로 된다. 또 상태 ①과 ②의 비엔탈피와 절대습도는,

$$h_1 \fallingdotseq 64.8 \text{ kJ/kg(DA)}$$
$$h_2 \fallingdotseq 36.9 \text{ kJ/kg(DA)}$$
$$x_1 \fallingdotseq 0.0143 \text{ kg/kg(DA)}$$
$$x_2 \fallingdotseq 0.0090 \text{ kg/kg(DA)}$$

이기 때문에

$$q_c = \frac{V_0}{0.83}\,(h_1 - h_2)/3600$$

$$= \frac{10000}{0.83}(64.8 - 36.9) \div 3600 \fallingdotseq 93.4 \text{ kW}$$

$$L = \frac{V_0}{0.83}\,(x_1 - x_2)$$

$$= \frac{10000}{0.83}(0.0143 - 0.0090) = 63.9 \text{ kg/h}$$

로 된다.

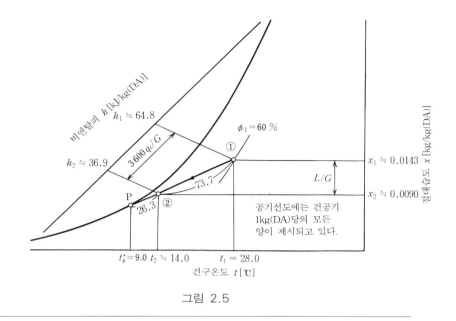

그림 2.5

공기를, 대량의 분무수로 냉각하는 **에어와셔**(공기세정기)의 경우는 분무수의 온도가 입구공기 ①의 노점온도 t_1'' 이하일 때는 분무수의 물방울 표면에서 결로가 발생하여 **냉각감습**된다(그림 2.6, ①②).

분무수의 온도가 노점온도 이상일 때는 반대로 물방울 표면에서 물이 증발하여 **냉각가습**된다(**그림 2.6**, ①②′, ①②″, ①②‴). ①②′의 변화는 분무

▶ **에어와셔 (공기세정기)**

방적공장이나 담배 공장의 냉각감습기, 가습기 겸용으로서 흔히 이용되고 있으나 최근에는 일반 건축에 이용되는 경우는 적다.

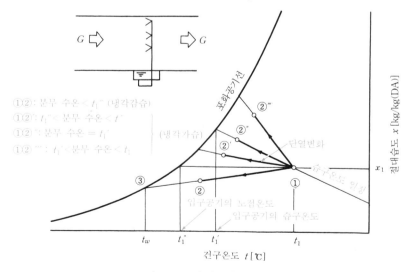

그림 2.6 에어와셔에 의한 냉각

▶ **포화효율**[1]

에어와셔에서의 단열변화인 경우의 성적계수를 일반적으로 포화효율이라 부르고 있다.

수를 냉각코일 등으로 냉각하는 경우, ①②″는 에어와셔를 단열시킴으로써 분무수를 냉각도 가열도 하지 않고 분무를 계속했을 경우로, 분무수온은 입구공기의 습구온도와 같아지고 출구의 공기상태는 ①을 통과하는 습구온도 일정의 선상에 있게 된다. 이때의 변화를 **단열변화** 또는 **증발냉각**이라 한다.

①②‴는 분무수를 가열코일 등으로 가열하고 분무수온을 공기의 건구온도 이하로 유지했을 때의 변화이다.

②의 공기상태는 에어와셔의 출구수온 t_w에서의 포화공기 ③과 입구공기 ①의 혼합공기라 볼 수 있으므로 ①과 ③을 연결하는 선상의 어디에 올 것인가는 에어와셔의 성능을 표현하는 성적계수〔$= (h_1 - h_2)/(h_1 - h_3)$〕에 의존한다.

공기상태 ②′, ②″, ②‴에 관해서도 마찬가지이다. 그림 속의 $t_1′$, $t_1″$는 ① 공기의 습구온도와 노점온도이다.

(4) 가습

━━━━━━━━
가습 조작시의
변화에는 열수분비를
이용
━━━━━━━━

열수분비는 물분무가습에서는 분무수의 엔탈피와, 증기가습에서는 증기의 엔탈피와 같아진다. 그래서 가습 조작시 공기의 상태변화 방향은 공기선도 좌측 위쪽의 열수분비도를 이용하여 정한다.

▶ **가습효율**

물을 소량 분무하여 공기를 가습할 때, 분무한 수량에 대한 증발량의 비율을 가습효율이라 한다.

▶ **열수분비의 값**

물분무가습일 때의 열수분비의 값은 〔kcal/kg〕의 단위에서는 분무수온과 같아진다. 따라서 열수분비의 눈금이 〔kcal/kg〕의 단위로 병기되어 있을 때는 이 방법을 사용하면 편리하다.

겨울철 난방시에는 일반적으로 외기의 절대습도가 낮아 외기 도입이나 틈새바람의 침입에 의해서 실내공기의 습도가 저하되므로 이것을 방지하기 위해 실내로 공급공기를 가습한다. 공기조화기에서의 일반적인 가습방법으로는 물을 서리상태로 해서 공기를 불어넣고 이것을 증발시켜 가습하는 **물분무가습**과 수증기를 불어넣어 가습하는 증기가습이 있다. 물분무가습의 경우, 분무수의 증발량을 L 〔kg/h〕, 분무하는 물의 비엔탈피를 h_w 〔kJ/kg〕라 하면 **열수분비** u 는

$$u = \frac{h_w L}{L} = h_w 〔\text{kJ/kg}〕 \quad\cdots\cdots\cdots\cdots\cdots\cdots (2.14)$$

로 된다. 따라서 가습 전의 공기상태 ①에서 가습 후의 공기상태 ②로의 변화를 공기선도 상에 나타내면 **그림 2.7**과 같이 공기선도 좌측 위쪽의 열수분비 $u = h_w$ 선과 평행하게 ①을 통과하는 선을 긋고 이 선과,

$$x_2 = x_1 + \frac{L}{G} \quad\cdots\cdots\cdots\cdots\cdots\cdots\cdots\cdots (2.15)$$

의 등절대습도선과의 교점으로 ②를 정하면 된다. G는 실내로의 공급풍량 〔kg(DA)/h〕이다.

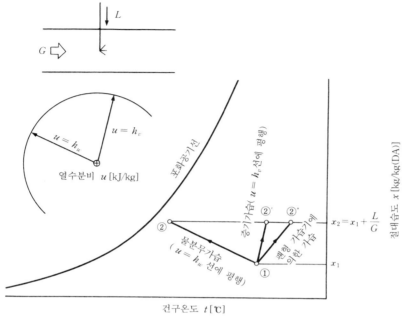

그림 2.7 가   습

증기가습인 경우에는 취입하는 증기의 비엔탈피를 h_v [kJ/kg]라 하고 식 (2.14)의 h_w를 h_v로 놓으면 $u = h_v$가 되므로 공기선도 상에서는 그림 2.7의 ①에서 ②′로의 변화가 된다. 물을 소량 분무하여 이것을 증발시켜 가습하는 **물분무가습**에서는 분무수의 증발에 의한 냉각작용으로 공기온도가 저하되고, 증기가습에서는 증기온도가 일반적으로 100℃ 부근에 있기 때문에 공기가 가열되어 온도가 상승한다. 온도 상승폭을 Δt [℃], 증기온도를 t_v [℃], 공기온도를 t_1 [℃], 가습량을 Δx [kg/kg(DA)]로 하면 근사식 (2.16)으로 나타낼 수 있다[2].

$$\Delta t = 1.8\,(t_v - t_1)\,\Delta x \quad\cdots\cdots\cdots\cdots\cdots\cdots\cdots (2.16)$$

가습법에는 이 밖에도 **팬형 가습기**나 공기의 노점온도 이상인 대량의 물을 분무하여 가습하는 에어와셔에 의한 방법이 있다. 팬형 가습기는 가습팬 내의 물을 전열히터 등으로 가열하여 수표면에서 증기를 발생시켜 가습하는 방법으로서, 가습과 동시에 고온의 수표면에서의 현열 이동에 의해 공기온도가 상승하기 때문에 그림 2.7의 ①②″와 같이 변화한다.

▶ **식 (2.16)의 도출**

증기가 상실하는 현열과 공기가 취득하는 현열이 같다고 하면, $1.805\,\Delta x(t_v - t_1 - \Delta t)$ $= (1.006 + 1.805\,x)\,\Delta t$ 가 되므로 여기에서 근사적으로 구할 수 있다.

▶ **팬형 가습기에서의 공기 변화 방향**

근사적으로는 열수분비가 가습기 내 수온에서의 포화수증기의 엔탈피와 같아지도록 변화하지만, 정확하게는 수면에서의 가열 영향으로 인해 이보다 약간 공기온도가 상승하는 쪽으로 변화하게 된다.

팬형 가습기는 일반적으로 가습량이 적기 때문에 통상적으로 패키지 등 소용량의 장치에 사용되고 있다[3].

가습에 필요한 수분량 L [kg/h]은 공기유량을 G [kg(DA)/h], 표준공기의 체적유량을 V_0 [m^3/h], 가습 전후의 절대습도를 x_1, x_2 라 하면 식 (2.17) 또는 식 (2.18)와 같이 된다.

$$L = G(x_2 - x_1) \quad \cdots\cdots\cdots\cdots\cdots\cdots\cdots\cdots\cdots\cdots\cdots\cdots\cdots\cdots (2.17)$$

$$L = \frac{V_0}{v_0}(x_2 - x_1) = \frac{V_0}{0.83}(x_2 - x_1) \quad \cdots\cdots\cdots\cdots\cdots\cdots\cdots (2.18)$$

Exercise 2·4

공기조화기의 가열코일 출구의 공기상태는 건구온도 30℃, 습구온도 17℃로, 표준공기 환산풍량 V_0가 500 m^3/min이라고 한다. 이 공기에 100℃의 포화증기 5 kg/min을 분무하여 가습했을 때, 가습 후 공기의 건구온도 t_2, 절대습도 x_2 및 비엔탈피 h_2를 구하라.

Answer

먼저 공기선도 상에 가열코일 출구의 공기상태를 표시하고 이 점을 ①이라 한다(**그림 2.8**). 다음으로 100℃인 포화증기의 엔탈피는 2674 kJ/kg이기 때문에 증기가습에 의한 열수분비는 $u = 2674$ kJ/kg이 되므로 왼쪽 위의 열수분비도를 사용하여 $u = 2674$ kJ/kg의 선을 긋고 이것과 평행하게 ①을 통과하는 선을 긋는다. 가습 후 공기의 상태점 ②는 이 선상에 있으므로 그 위치를 절대습도의 변화로부터 결정하기로 한다. 가습에 의한 절대습도의 증가분 Δx 는,

$$\Delta x = \frac{5}{500/0.83} = 0.0083 \text{ kg/kg(DA)}$$

이기 때문에 x_2는 공기선도에서 판독한 $x_1 = 0.0068$ kg/kg(DA)에 Δx를 더하여,

$$x_2 = 0.0068 + 0.0083 = 0.0151 \text{ kg/kg(DA)}$$

로 된다. 이로써 ②점이 공기선도 상에서 정해지므로 ②의 엔탈피와 건구온도를 판독하면,

$$h_2 = 69.8 \text{ kJ/kg(DA)}$$

$$t_2 = 31.0 \text{℃}$$

로 된다.

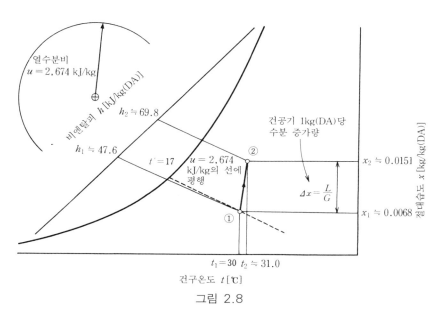

그림 2.8

②점은 엔탈피의 변화로 결정해도 된다. 증기가습에 수반되는 엔탈피의 증가분 Δh는

$$\Delta h = \frac{2674 \times 5}{500/0.83} = 22.2 \text{ kJ/kg(DA)}$$

이기 때문에 ②의 엔탈피 h_2는 공기선도에서 판독한 $h_1 = 47.6 \text{ kJ/kg}$ (DA)에 Δh를 더하여

$$h_2 = 47.6 + 22.2 = 69.8 \text{kJ/kg(DA)}$$

로 된다. 이로써 ②점이 공기선도 상에서 정해지므로 ②의 절대습도와 건구온도를 판독하면,

$$x_2 = 0.0151 \text{kg/kg(DA)}$$

$$t_2 = 31.0 \text{℃}$$

로 된다.

또 근사식 (2.16)을 이용하여 t_2를 구하면,

$$\Delta t = 1.8 \times (100 - 30) \times 0.0083 ≒ 1.0℃$$
$$t_2 = t_1 + \Delta t = 30.0 + 1.0 = 31.0℃$$

로 된다.

Exercise 2·5

공기조화기의 가열코일 출구의 공기상태는 건구온도 38℃, 절대습도 0.006 kg/kg(DA)에서 표준공기 환산풍량은 1200 m³/min으로 한다. 이 공기에 40℃의 물을 미량으로 분무하여 가습을 하고 건구온도 30℃의 공기를 만들려고 한다. 이 때, 가습 후의 절대습도, 엔탈피 및 가습량을 구하라. 또, **가습효율**을 35%로 한다면 분무수량은 얼마인가?

Answer

가열코일 출구 공기의 상태점을 ①로 하고 건구온도 38℃와 절대습도 0.006 kg/kg(DA)에서 공기선도 상에 표시한다(**그림 2.9**). 40℃ 물의 엔탈피는 167.4 kJ/kg이기 때문에 ①에서부터 열수분비 $u = 167.4$ kJ/kg($=$ 40 kcal/kg)에 평행하게 선을 긋고 건구온도 30℃인 선과의 교점을 가습 후의 공기상태 ②로 정하면 된다. 공기선도에서 ②점의 절대습도와 엔탈피를 판독하면,

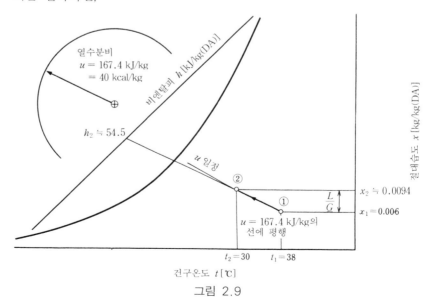

그림 2.9

$$x_2 = 0.0094 \text{ kg/kg(DA)}$$

$$h_2 = 54.5 \text{ kJ/kg(DA)}$$

로 된다. 가습량 L 과 분무수량 L' 는,

$$L = \frac{1200 \times 60}{0.83}(0.0094 - 0.006) = 294.9 \text{ kg/h}$$

$$L' = \frac{294.9}{0.35} = 843 \text{ kg/h}$$

로 된다.

열수분비가 같을 경우 공기의 상태 변화 방향이 같아지는 이유

공기선도 상에 있는 상태점 ①에서 ②로 공기의 상태가 변화할 때, **열수분비** u는 정의에 의해,

$$u = \frac{\Delta h}{\Delta x} = \frac{h_2 - h_1}{x_2 - x_1}$$

로 된다. 공기선도($h-x$ 선도)는 사교축으로 되어 있지만 축에 엔탈피 h 와 절대습도 x 를 취하고 있으므로 열수분비 u 는 ①과 ②를 연결하는 선분의 사교축에서의 기울기를 나타내고 있다. 따라서 열수분비가 주어지면 공기의 변화 방향은 결정되어 버린다. 이 방향이 공기선도 왼쪽 위의 기준점과 열수분비 눈금을 연결하는 방향으로서 주어진다.

현열비 SHF 가 같은 경우 공기상태의 변화 방향은 등건구온도선이 약간 위로 열려있기 때문에 엄밀하게는 일정하다고 할 수 없으나 실용상으로는 일정한 것으로 취급해도 상관이 없으므로, 그 방향은 기준점과 현열비 눈금의 관계로서 공기선도 상에 나타내고 있다.

(5) 감습

냉각코일과 에어와셔에 의한 감습에 관해서는 2·1 (3)에서 기술했으므로 여기에서는 **화학감습장치**에 관하여 기술한다. 화학감습장치에는 실리카 겔 등을 이용한 고체 흡착감습기와 염화리튬 등을 이용한 액체 흡수감습기가 있다[4,5]. 고체 흡착감습기에서는 수증기가 고체의 흡착제에 흡

화학감습장치

실리카 겔 등을 이용한 고체 흡착감습기와 염화리튬 등을 이용한 액체 흡수감습기가 있다. 흡착열이나 흡수열에 의하여 공기는 가열 감습되지만 실제의 액체 흡수감습기에서는 냉각코일에서 용액과 공기를 냉각하므로 그만큼 공기의 출구온도는 저하된다.

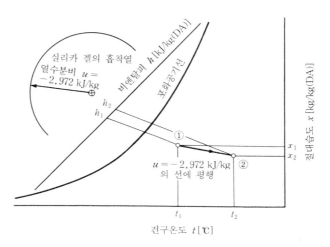

그림 2.10 화학감습(고체 흡착감습기)

착될 때에 응축잠열과 침윤열이 발생하고 이 열에 의해서 공기가 가열되기 때문에 공기의 상태 변화는 가열 감습된다. 실리카 겔의 경우, 응축잠열과 침윤열을 합한 흡착열은 수분 1 kg당 약 2972 kJ이므로 변화의 방향은 **그림 2.10**과 같이 열수분비 $u = -2972$ kJ/kg의 방향이 된다. 수분을 대량으로 흡착하여 능력이 저하된 흡착제의 재생에는 가열이 필요하고 흡착제의 정기적인 가열조작 직후에는 흡착제의 온도가 상승하므로 공기온도의 상승 정도는 더욱 커지게 된다.

액체 흡수감습기에서는 수증기가 염화리튬 등의 흡수제에 흡수될 때 응축잠열과 용해열로 이루어지는 흡수열이 발생하여 이것이 공기를 가열하므로 고체 흡착감습기와 같이 공기는 가열 감습 변화한다. 염화리튬인 경우, 용해열은 응축잠열의 약 1%에서 일반적으로 무시되고 또 흡수된 수분의 현열도 적기 때문에 응축잠열이 공기 가열에 사용되는 것이라 본다면 공기의 변화는 근사적으로 엔탈피가 일정하게 변화하게 된다(**그림 2.11**, ①②). 그러나 실제 장치에서는 응축잠열에 의한 용액의 온도 상승을 억제하여 흡수능력을 유지할 목적으로 냉각코일에서 흡수용액과 공기를 냉각하기 때문에 공기의 출구상태는 ③으로 되어 현실적으로는 ①③의 상태 변화가 발생한다. 따라서 장치 내에서 실제로 ①②의 변화가 발생하는 것은 아니지만 흡수열에 의한 ①②의 가상적인 상태 변화와 냉각코일에 의한 ②③의 냉각 작용의 결과, ①③의 변화가 발생한다고 이해하기 쉽다. 액체 흡수감습기에서도 수분을 대량으로 흡수하여 흡수능력이 저하된 흡수제를

재생하기 위해 용액을 가열해야 하며, 냉각코일에서의 냉각열량으로 공기
의 냉각열량 이외에 재생을 위해 가열되어 승온된 용액의 냉각을 위한 열량
도 필요하게 된다.

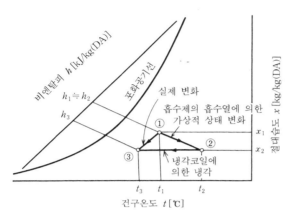

그림 2.11 화학감습(액체 흡수감습기)

2·2 공조 프로세스의 공기선도 상에서의 표현

여기에서는 2·1에서 기술한 단위조작이 실제의 공조 프로세스에서
어떻게 응용되고 있는가를 제시하기 위해 일반 건축에서 흔히 이용되
는 단일덕트 정풍량방식의 경우를 예로 들어 그 공조 프로세스를 공
기선도 상에 나타낸다. 또 공조기 용량, 즉 송풍기, 냉각코일, 가열코
일 및 가습기의 용량을 구하는 방법에 관하여 설명한다. 다른 공조방
식이나 예제에 의한 구체적이며 상세한 설명은 제4장에서 다룬다.

(1) 냉방시

실내 설정조건(건구온도 t_1 [℃], 상대습도 ϕ_1 [%], 외기조건(건구온도
t_2 [℃], 상대습도 ϕ_2 [%]), 공조부하(현열부하 q_s [kW], 잠열부하 q_L
[kW]) 및 **외기도입률**(실내로 취입하는 풍량의 k [%])이 주어졌을 때 **그
림 2.12**에 나타낸 각 부분의 공기상태를 정하는 방법과 실내로 취출(吹
出)하는 공기풍량 V_0 [m³/h], 냉각코일에서의 냉각열량 q_c [kW]를 구하
는 방법을 나타낸다.

▶ **외기도입률의 값**

사람을 대상으로 한
일반적인 보건용 공기
조화에서의 외기도입률
은 실내로 들어오는 풍
량의 25~30% 정도로
취해지는 경우가 많다.

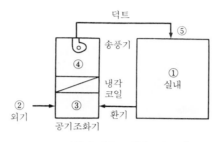

그림 2.12 냉방 시스템

1) 실내공기의 상태점 ①은 건구온도 t_1 과 상대습도 ϕ_1 이 주어졌으므로 t_1 의 등건구온도선과 ϕ_1의 등상대습도선의 교점으로 정해진다. 외기의 상태점 ②도 마찬가지 방법으로 정할 수 있다(**그림 2.13**).

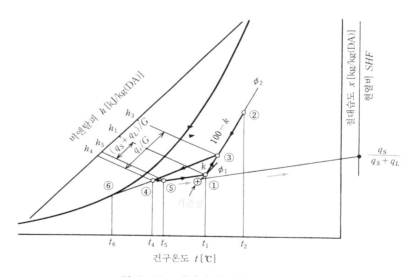

그림 2.13 냉방시 공기의 상태 변화

2) 외기 ②와 실내로부터의 환기 ①의 혼합공기의 상태점 ③은 외기도입률이 실내로 취출되는 풍량이 k [%]이므로 선분 ①②를 ①측에서 k : $(100 - k)$로 비례배분함으로써 정해진다.

3) 공조부하로서 현열부하 q_S 와 잠열부하 q_L이 주어져 있으므로 이로써 **현열비** SHF를

$$SHF = \frac{q_S}{q_S + q_L} \quad \cdots\cdots\cdots\cdots\cdots\cdots\cdots\cdots (2.19)$$

로 구하고 그 값을 공기선도 우측의 현열비 눈금 상에 표시한다. 이 점과 건구온도 26℃, 상대습도 50%인 곳의 기준점을 직선으로 연결시켜 이 선에 평행으로 점 ①을 통과하는 현열비 일정 선을 긋는다. 실내로 취출되는 공기의 상태점 ⑤는 이 직선 상에 있다.

4) 이 선상에서 점 ⑤의 위치는 식에서 자동적으로 결정하는 것이 아니라 결로, 콜드 드래프트, 풍량에 관련된 반송동력 등의 관점에서 경험적으로 정해진다. ①과 ⑤의 온도차, 즉 취출되는 온도차 Δt (= $t_1 - t_5$)는 취출구의 종류나 높이에 따라 달라지지만[6] 10~12℃ 정도로 잡는 경우가 많다[7].

5) 냉각코일 출구의 공기 상태점 ④는 ⑤와 절대습도가 같으며, 송풍기에 의한 가열, 덕트로부터의 침입열을 보고 ⑤보다 낮은 온도로 한다. 일반적으로 $t_5 - t_4$는 $t_1 - t_5$의 10 % 정도로 잡는다.

6) 표준공기 환산의 취출풍량 $V_0 (= Gv_0)$ [m³/h]는

$$q_S \fallingdotseq 1.21\, V_0 (t_1 - t_5)/3600 \quad \cdots\cdots\cdots\cdots\cdots\cdots (2.20)$$

으로 구해진다.

7) 냉각코일에서의 냉각열량 q_S [kW]는

$$q_C = \frac{V_0}{0.83}\, (h_3 - h_4)/3600 \quad \cdots\cdots\cdots\cdots\cdots (2.21)$$

에서 구할 수 있다. t_6은 **장치노점온도**이다.

냉각코일 출구에서 공기의 상태점

그림 2.13에서 실내로의 취출공기 ⑤를 통과하는 절대습도 일정의 선상에 $t_4 \fallingdotseq t_5 - 0.1 (t_1 - t_5)$로서 공기조화기의 냉각코일 출구의 공기 상태점 ④를 정한다.

취출풍량과 냉각코일에서의 냉각열량

취출풍량은 식 (2.20)에서, 냉각열량은 식 (2.21)에서 정한다.

공기상태가 변화했을 때의 현열 변화분과 잠열 변화분을 공기선도 상에서 표현하는 방법

건공기 1 kg(DA)을 포함하는 습공기가 ①에서 ②의 상태로 변화했을 때의 현열 변화와 잠열 변화는 아래에 나타낸 그림 $q_s = h_3 - h_1$과 $q_l = h_2 - h_3$ 으로 제시된다. 이것은 ①에서 ②로의 변화를 가상적으로 절대습도가 일정하고 온도만이 상승하는 ①에서 ③

으로의 변화와, 온도가 일정하고 절대습도만이 증가하는 ③에서 ②로의 변화인 2단계로 분류하여 생각하면, q_s 가 현열 증가분이고 q_l이 잠열 증가분이라는 것을 이해할 수 있다.

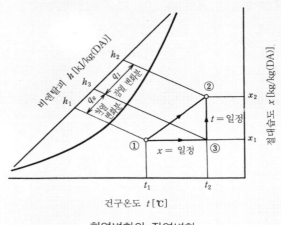

현열변화와 잠열변화

(2) 난방시

냉방시와 같이 실내 설정조건, 외기조건, 현열·잠열부하, 외기도입률이 주어져 있다고 하자. 이때 **그림 2.14**에 나타낸 각 부분의 공기 상태점을 정하는 방법과 가열코일에서의 가열량 q_h[kW] 및 가습량 L[kg/h]를 구하는 방법을 나타낸다. 실내로의 취출풍량 V_0[m³/h]는 냉방시의 풍량과 같은 것으로 한다.

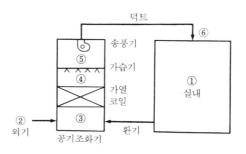

그림 2.14 난방 시스템

1) 실내조건 ①, 외기조건 ② 및 양자의 혼합공기 ③을 정하는 방법 및 현열비 SHF를 구하는 방법은 냉방시와 같다.

2) 취출공기의 상태점 ⑥은 위에서 구한 현열비 일정의 선이 ①을 통과하도록 긋고 이것과 다음의 식으로부터 구한 t_6의 등건구온도선과의 교점으로 정할 수 있다 (**그림 2.15**). 또한 취출공기의 상태점 ⑥과 가습 후 공기의 상태점 ⑤는 송풍기 일에 의한 가열과 덕트로부터 열손실이 거의 상쇄되는 것으로 하여 근사적으로 같게 취한다.

$$q_s = 1.21 V_0 (t_6 - t_1) / 3600 \quad \cdots\cdots\cdots\cdots\cdots\cdots (2.22)$$

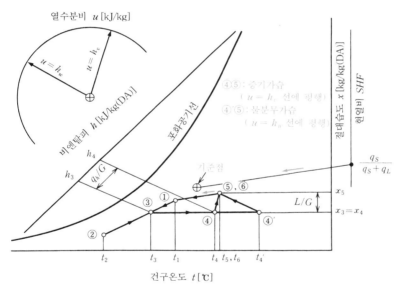

그림 2.15 난방시 공기의 상태 변화

3) 가열코일 출구의 공기상태 ④는 증기가습인지 물분무가습인지에 따라 달라진다. 증기가습인 경우, 열수분비는 가습증기의 엔탈피 h_v가 되므로 좌상의 열수분비 눈금을 사용하여 열수분비 일정의 방향을 구하고 이것과 평행하게 ⑥을 통과하는 선을 그어, 이 선과 ③을 통과하는 절대습도 일정인 선과의 교점으로 가열코일 출구공기의 상태점 ④를 정한다. 물분무가습인 경우는 열수분비가 분무수의 엔탈피 h_w가 되므로 ④′가 된다.

가습량과 가열코일에서의 가열량

가습량은 식 (2.24)에서, 가열량은 식 (2.23) 또는 식 (2.25)로 구할 수 있다.

4) 가열코일에서의 가열량 q_h [kW]와 가습량 L [kg/h]은 증기가습인 경우, 각각 식 (2.23)과 식 (2.24)로 된다.

$$q_h = 1.21\, V_0\,(t_4 - t_3)\,/3600 \quad\cdots\cdots\cdots\cdots\cdots(2.23)$$

$$L = \frac{V_0}{0.83}\,(x_5 - x_4) \quad\cdots\cdots\cdots\cdots\cdots(2.24)$$

q_h는 엔탈피를 이용하여 식 (2.25)로 구해도 된다.

$$q_h = \frac{V_0}{0.83}\,(h_4 - h_3)\,/3600 \quad\cdots\cdots\cdots\cdots\cdots(2.25)$$

2·3 습공기 관련 현상

(1) 결로

결로

결로는 공기가 노점온도 이하인 물체 표면에 접촉하여 냉각되고 공기중의 수증기가 응축되어 발생한다.

수증기를 포함한 습공기가 차가운 물체의 표면에 접촉하여 노점온도 이하로 되면 공기중의 수증기가 응축되어 물방울이 되고 물체 표면에 부착된다. 이 현상을 결로라 부른다. 결로는 매우 친근한 자연현상으로서, 다양한 장면에서 경험한다. 예를 들면 여름의 아침이슬은 복사냉각에 의해 노점온도 이하로 된 식물의 잎사귀면(葉面)에 공기가 접촉되어 발생한 결로이며, 또 여름 한때 시원하게 마시는 맥주병이나 글라스 표면을 적시는 물방울도 결로에 의한 것이다. 아침 이슬이나 맥주에 붙어있는 결로는 시원한 감과 상쾌한 느낌을 주지만 건축물에 관련되는 결로는 보건 위생면에서나 건축물의 내구성 면에서 큰 문제가 된다. 건축물의 결로에는 창면 등의 표면에 발생하는 표면결로와 벽의 내부에서 발생하는 내부결로가 있다[8]. 창면에서의 표면결로는 겨울철 난방시에 흔히 경험하게 되는 것으로 실내의 사람, 부엌, 욕실 및 개방형 난로에서 발생하는 수증기에 의해 고습으로 된 실내공기가 차가운 창면에 의해 노점온도 이하로까지 냉각되어 발생하는 현상이다. 곰팡이의 발생 원인이 되기도 하므로 창문이 흐려지면 신속히 환기할 필요가 있다. 내부결로는 벽의 내부나 다락방 등에 침입한 실내의 고습공기가 냉각되어 발생하는 결로를 말하는데, 벽 내부의 목재·단열재나 산자판을 부식시키는 원인이 된다.

▶ **건축물에서 결로가 발생하기 쉬운 개소**

외기로 냉각되기 쉬운 한 겹의 유리창 내 표면은 가장 결로되기 쉬운 곳이다. 또한 외벽의 구석각 부분도 냉각면적이 커지므로 결로되기 쉽다. 이 부분에 반침이 있는 경우는 벽면에 밀착하여 물품을 놓지 않도록 한다. 건물 내부의 결로를 방지하는 데에는 환기가 중요하다.

이것을 방지하기 위해서는 실내 측에 방습층을 설치하거나 다락방 등에
환기구를 설치하는 것이 효과적이다.

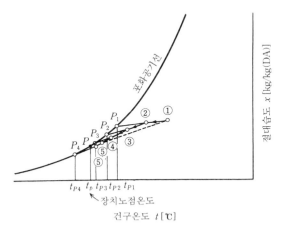

그림 2.16 습한 냉각코일 상에서의 공기의 상태 변화

공기조화기의 냉각코일은 공기에서 현열을 제거하는 동시에 코일 상
에서 발생하는 결로를 이용하여 공기를 감습하기 위한 장치이다. **냉각코**
일은 일반적으로 복수의 열수(列數)를 가지는 열교환기로서, 냉수와 공
기의 흐름은 향류(向流)식으로 되어 있다. 가령, 열수가 4열이고 바람의
상류측에서 제1열, 제2열, ……로 하여 각 열의 코일 평균 표면온도를
t_{P1}, t_{P2}, t_{P3}, t_{P4} 라고 한다면, 향류라는 점에서 $t_{P1} > t_{P2} > t_{P3} > t_{P4}$
가 되어 공기의 상태 변화는 근사적으로 **그림 2.16**과 같이 나타낼 수 있
다. 즉, 1열째 출구의 공기상태 ②는 1열째 코일과의 충분한 접촉으로 냉
각감습되어 온도 t_{P1} 의 포화공기로 된 일부의 공기와 입구의 공기 ① 인
채로 그대로 통과된 공기의 혼합공기라 생각할 수 있다. ②가 선분 $\overline{① P_1}$
의 어디로 올 것인가는 냉각코일의 설계에 의존한다. 마찬가지로 2, 3, 4
열째 출구의 공기상태 ③, ④, ⑤도 정해진다. 따라서 ①에서 ⑤로의 변
화는 일반적으로 곡선이 되지만 이러한 취급은 까다롭기 때문에 일반적
으로는 근사적인 취급으로서 **장치노점온도** t_P 를 이용하여 ①과 점 P를
잇는 직선상의 점 ⑤′로 출구공기의 상태를 정하고 있다. 2·1(3)에 이
근사적 취급을 나타내었다. t_P 의 값을 정확하게 구한다는 것은 어렵지
만 실용적으로는 코일의 입구수온과 출구공기의 습구온도의 평균값이
이용되고 있다.

결로 이야기

여름에 마시는 맥주의 최적온도는 6~7℃이다. 가령, 건구온도 30℃, 상대습도 65%인 실내에서 맥주를 마시고 있다면 그 방 공기의 노점온도는 약 22.8℃이다. 이러한 상태에서는 맥주병이나 컵에 맺히는 결로수로 테이블이 젖는 것은 당연한 일이다.

이야기가 달라지지만 겨울에 난방기구로 개방형 난로를 이용하면 창면에 맺히는 정도의 결로는 누구나 경험하는 것이다. 이것은, 6~8평용 개방형 난로로는 1시간당 컵으로 약 두 컵 정도의 수분이 발생하여 방의 습도가 상승하기 때문이다. 최초의 실온이 22℃, 상대습도가 50%에서 노점온도가 약 11℃였다고 할지라도 천장 높이가 2.6 m인 8평의 방에서 300 g/h의 수분 발생량이 있었다고 한다면, 1시간 후에 절대습도는 약 0.0073 kg /kg(DA) 증가하여 노점온도는 20.8℃까지 상승한다. 따라서 창면에서 결로가 발생하기 쉬워진다. 결로를 방지하는 데에는 창면이 흐려지면 창을 2~3분 동안 열어 환기를 시키는 것이 중요하다.

(2) 착상

착　　상

빙점 아래인 물체 표면에 공기가 접촉되면 공기 속의 수분이 응결되어 이것이 얼음의 결정이 되어 성장하고 서리가 된다. 냉동고 내에서는 착상의 성장을 방지하기 위해 정기적으로 히터 등으로 가열하여 서리를 제거한다.

습공기가 접하는 물체의 표면온도가 0℃ 이하인 경우에는 물체 표면에서 응결된 수분이 얼음의 결정으로 성장하여 서리가 된다. 물론 이 현상은 공기중의 수증기 분압이 물체의 표면온도에서의 포화증기압보다도 클 때에만 발생하게 된다. 주위에서 볼 수 있는 서리의 예로서는 겨울에 새하얗게 내린 서리, 외부 주차시 앞유리에 붙는 서리, 가정의 냉동냉장고 내의 서리 등이 있다. 겨울의 서리 풍경이나 자동차의 유리에 부착된 서리는 지표면이나 유리 표면이 복사냉각에 의해 빙점 아래로까지 냉각되어 그 곳에 공기중의 수증기가 응결하여 얼음 결정으로서 성장한 것이다. 따라서 겨울의 춥고 맑은 날 밤에 발생하기 쉽다. 냉동고 속의 착상은 냉동고의 개폐에 따라 냉동고 내로 진입한 실내의 공기가 빙점 아래의 냉동고 안이나 증발기의 표면에 접촉되어 발생한다. 따라서 정기적으로 히터 등으로 가열하여 제상(除霜)을 하지만, 최근에는 착상 센서를 이용하여 착상이 검지되었을 때에만 서리를 제거함으로써 에너지 절약을 도모하고 있다. 또 한랭지에서의 공기열원 히트펌프의 운전에서 외기를 직접 열원으로 하는 경우에는 증발기에서의 착상이 문제가 되므로 주의해야 한다.

차밭의 대형 선풍기는 착상 방지용

흔히 차(茶)밭에 높이 10m 정도의 대형 선풍기가 설치되어 있는 것은 차나무의 새싹에 서리가 내리는 것을 방지하기 위함이다. 새싹의 계절인 3월 하순경의 아주 맑고 추운 밤에는 복사냉각으로 냉각된 차나무의 잎사귀면 온도가 빙점 아래로까지 내려가 서리가 내린다. 이러한 밤은 접지역전층이라 하여 지표면 부근보다 상공 쪽의 공기온도가 높아지기 때문에 방상 팬으로 상공의 따뜻한 공기를 잎사귀면으로 보내어 새싹을 서리로부터 보호한다. 방상 팬의 항온장치는 3~5℃ 정도로 설정되어 있다. 접지역전층이 이루어지는 원인은 당연히 지표면의 복사냉각 때문이다.

2·4 쾌적 온열환경

실내환경의 쾌적성은 사람의 심리상태에 의존하고, 공간구성, 색채·색조, 소리, 빛, 열, 공기질 등 많은 심리적, 생리적 요인의 영향을 받지만, 여기에서는 인체의 열수지에 관련되는 온열환경 인자만을 들어 사무작업 등 일반적인 심리상태에서 집무중인 사람이 어떠한 온열환경일 때에 열적으로 쾌적하다고 느끼는지를 나타내는 **온열지표**에 관하여 기술한다. 그리고 각 온열지표의 등가선이 공기선도 상에서는 어떻게 표현되고 쾌적범위는 어떻게 되는가에 관하여 설명한다.

(1) 신유효온도

신유효온도(New Effective Temperature : ET*)는 인체의 열수지식에 의거하는 온열지표로서, 실온, 습도, 기류속도, 방사의 영향 이외에 의복의 단열성을 표현하는 **clo값**(1 clo=0.155 m²·K/W)이나 활동에 따른 인체의 발생열량의 영향도 고려하는 지표이다. 인체를 체심부와 피부부의 두 부위로 나누어 각 부위에 대한 비정상 열수지식인 식 (2.26)과 식 (2.27)이 기초가 되고 있다[10].

신유효온도

신유효온도는 실제의 온열환경하에서 피부의 습윤율과 피부 표면으로부터 전 방열량이 같아질 수 있는 등가상대습도 50%의 실온으로서 정의된다. 쾌적하게 되는 신유효온도의 범위는 활동량이나 clo값에 의해 달라진다.

$$S_{cr}=M-W-(C_{res}+E_{res})-Q_{cr,sk} \quad \cdots\cdots\cdots\cdots(2.26)$$
$$S_{sk}=Q_{cr,sk}-(C+R+E_{sk}) \quad \cdots\cdots\cdots\cdots(2.27)$$

여기서, S_{cr} : 체심부의 축열량

M : 대사율

W : 외부 일

C_{res} : 호흡에 의한 현열손실

E_{res} : 호흡에 의한 잠열손실

$Q_{cr,\ sk}$: 체심부에서 피부부로의 유출열량

S_{sk} : 피부부의 축열량

C : 인체 표면에서 외부 환경으로의 대류열손실

R : 인체 표면에서 외부 환경으로의 방사열손실

E_{sk} : 발한 및 불감증설에 의한 열손실

▶ **불감증설**

발한되지 않는 상태에서도 인체의 피부 표면에서는 수분이 증발하고 있는데, 이 수분 증발을 가리켜 불감증설이라 한다.

체심부의 축열량 S_{cr} 과 피부부의 축열량 S_{sk} 는 체심부 온도 t_{cr} 및 피부부 온도 t_{sk} 를 이용하여 식 (2.28), (2.29)로 나타낼 수 있다.

$$S_{cr} = (1-a) mc_{p,b} (\mathrm{d}t_{cr}/\mathrm{d}\tau)/A_D \quad \cdots\cdots\cdots\cdots\cdots\cdots\cdots (2.28)$$

$$S_{sk} = a mc_{p,b} (\mathrm{d}t_{sk}/\mathrm{d}\tau)/A_D \quad \cdots\cdots\cdots\cdots\cdots\cdots\cdots (2.29)$$

여기서, a : 몸 전체에서 차지하는 피부부 질량의 비율

m : 몸의 전체 질량

$c_{p,b}$: 몸의 비열

τ : 시간

A_D 는 나체 표면적[m²]이며, 몸의 질량 m [kg]과 신장 l [m]의 함수로서 다음 식으로 구할 수 있다[11].

$$A_D = 0.202\, m^{0.425}\, l^{0.725} \quad \cdots\cdots\cdots\cdots\cdots\cdots\cdots\cdots (2.30)$$

열수지식에 관계되는 체온 조절기능으로서의 발한량, 떨림에 의한 발생열량, 피부부를 흐르는 혈류량도 체심부 온도 t_{cr} 과 피부 온도 t_{sk} 의 함수로서 주어져 있으며, 식 (2.26), 식 (2.27)의 각 항을 실온, 습도, 평균 방사온도, 풍속, 활동량, clo값 등의 함수로서 표현하고 이들의 변수에 구체적인 값을 주어 이 열수지식을 반복 계산하여 풀면 체심부 온도, 피부 온도, 인체 표면에서의 전 방열량 등을 구할 수 있다. 신유효온도는 실제의 온열환경하에서의 피부의 습윤율과 피부 표면에서의 전 방열량과 같

아질 수 있는 상대습도 50 % 의 실온으로 정의된다. 의자에 앉은 상태, 착의량 0.6 clo, 0.1m/s 이하의 정온기류, 실온과 평균 방사온도가 동등한 실내 조건하에서 여름철의 쾌적범위는 ET*=22.8~약 26.0℃이며, 겨울철의 쾌적범위는 ET*=20.0~22.9℃이다[12]. 이 쾌적범위를 **그림 2.17**[16]에 나타낸다. 그림의 횡축에는 작용온도를 나타내었다. **작용온도** t_{OP} 란 실온 t 와 평균 방사온도 t_{MR} 의 **대류열전도율** h_c 와 **방사열전도율** h_r 에 의한 가중값의 평균으로서,

$$t_{OP} = \frac{h_c t + h_r t_{MR}}{h_c + h_r}$$ ·· (2.31)

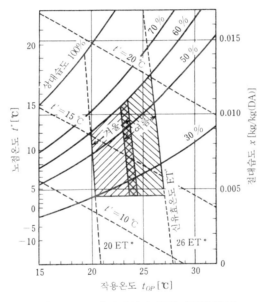

그림 2.17 쾌적범위와 ET* (경작업시)

(출전 : 일본 空気調和 · 衛生工学会編 : 空気調和設備計画設計の実務の智識,
(1995), p.43의 그림 2.9를 기준으로 일부 가필)

로 정의되며 t 와 t_{MR} 이 같을 때는 실온과 같아진다. 따라서 이 때는 그림 2.17의 횡축은 실온으로 보아도 상관없다. 등 ET*선은 그 값이 커질수록 기울기가 약간 완만해지고 온열감은 상대적으로 습도의 영향을 받기 쉬워진다. 그림에서 알 수 있듯이, 예를 들어 ET*=20℃에서는 상대습도가 10 % 저하되면 약 0.15 ℃의 기온 저감효과가 있는 반면 ET*=26 ℃에서는 약 0.3℃의 기온 저감효과가 있다. 또 등습구온도선(근사적으

로는 등엔탈피선이라 보아도 된다)과 등 ET*선과의 관계를 살펴보면 습구온도가 일정한 조건하에서라면 절대습도 또는 상대습도가 증가할지라도 ET*는 감소되고 온열감은 서늘한 쪽으로 변화한다는 것을 알 수 있다. 예를 들면, 공기중에 25℃ 정도인 상온의 물을 분무하여 증발시키는 경우를 생각해 보면 습공기의 열수분비는 $u = 104.7 \, \text{kJ/kg}(=25 \, \text{kcal/kg})$으로 되고 그 변화의 방향은 거의 습구온도 일정인 선으로 절대습도가 증가하는 방향이 된다. 즉, 온열환경은 서늘한 쪽으로 변화한다. 냉풍 팬의 원리는 이 효과를 이용한 것이며, 또 여름의 저녁 무렵 정원에 물을 뿌려 한때의 서늘함을 즐기는 것, 데워진 지면에서의 방사를 완화시키는 것 이외에 상기의 효과를 경험적으로 이용한 인간의 지혜라 할 수 있다.

그림 2.18은 그림 2.17의 특수한 경우로서, 평균 방사온도가 실온과 같은 경우의 쾌적범위를 공기선도 상에 나타낸 것이다. 여름철 냉방 시의 쾌적범위는 ABCD로 되어 에너지 절약을 도모하기 위해서는 이 범위내에서 가장 에너지가 절약되는 최적 설정조건을 선정할 필요가 있다. A, B, C, D 각 점의 비엔탈피는 각각 약 58, 39, 50, 35 kJ/kg (DA)이기 때문에 외기부하를 경감시키는 데에는 A점이 가장 유리하지만 외벽 관류열부하는 실온이 높을수록 작아지므로 최적점은 선분 AB 상으로 되는데 이것을 엄밀하게 구하는 데에는 열부하 계산 등이 필요하다. 실제로 사무실에서는 쾌적성을 중시하여 E 점의 실온 25℃, 상대습도 50 %로 설정하는 예도 볼 수 있지만 에너지 절약 차원에서는 그림에서 알 수 있듯이 최적으로는 되어 있지 않다. 이보다는 26 ℃, 50 %의 설정조건인 쪽이 에너지가 절약되므로 **외기부하**는 도입 외기 1 kg(DA)당 약 2.5 kJ 경감된다. 마찬가지로 A점은 E점에 비해 약 7.5 kJ/kg(DA)의 외기부하가 경감되고 이것에 벽면 관류열부하의 경감이 가해지게 된다.

신유효온도는 우수한 온열지표이긴 하지만 그 쾌적범위는 활동량이나 clo값에 의해 달라지기 때문에 이 불편함을 해소하기 위한 온열지표로서 다음과 같은 신표준 유효온도(Standard New Effective Temperature : SET*)가 제안되고 있다.

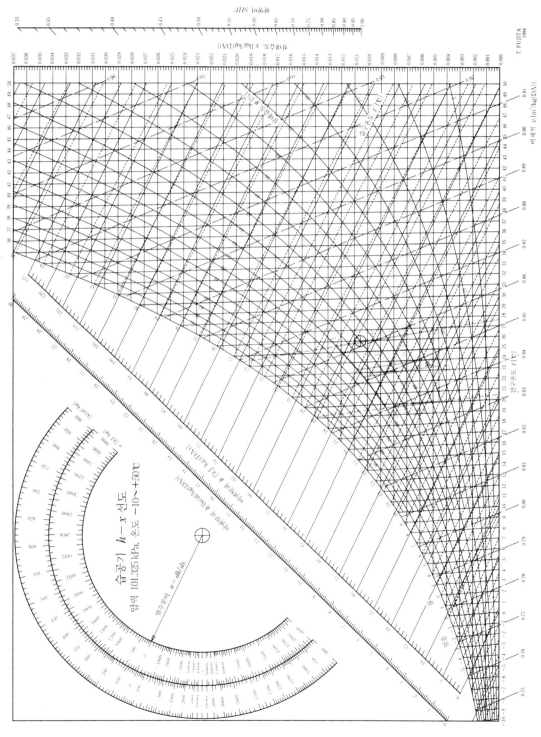

그림 2.18 공기선도 상에서의 쾌적범위(실온과 평균 방사온도가 같은 경우)

평균 방사온도의 실용적인 계산방법

평균 방사온도는 실제의 방에서 인체와 주위 벽의 정미방사 열교환량과 같아지게 되는 일정한 온도의 흑체벽으로 이루어지는 가상적인 방의 벽면 온도로서 정의된다. 이 평균 방사온도를 구하는 방법으로는 글로브구(球) 온도에서 구하는 방법과 인체의 전후 좌우 상하 6방향 면방사온도의 가중값 평균으로 구하는 방법이 흔히 이용된다.

(1) 글로브구 온도에서 구하는 방법

다음과 같은 식(Bedford의 식)에서 구한다.

$$t_{MR} = t_g + 2.37 \sqrt{v} \; (t_g - t)$$

여기서, t_{MR} : 평균 방사온도〔℃〕

t_g : 글로브구 온도〔℃〕

t : 실온〔℃〕

v : 풍속〔m/s〕

이다.

(2) 6방위 면방사온도의 가중값 평균으로 구하는 방법[12]

전후 좌우 상하의 면방사온도를 t_F, t_B, t_L, t_R, t_U, t_D〔℃〕로 하면 앉아 있는 사람에 대해서는,

$$t_{MR} = \{0.18(t_U + t_D) + 0.22(t_R + t_L) + 0.30(t_F + t_B)\} /$$
$$\{2(0.18 + 0.22 + 0.30)\}$$

서 있는 사람에 대해서는,

$$t_{MR} = \{0.08(t_U + t_D) + 0.23(t_R + t_L) + 0.35(t_F + t_B)\} /$$
$$\{2(0.08 + 0.23 + 0.35)\}$$

로 구해진다. 각 방향의 면방사온도를 구하는 데에는 시판되고 있는 방사 수지계를 사용한다. 최근에는 센서부가 20 mm 정도의 사용하기 간편한 형태도 시판되고 있다.

대사량을 표현하는 단위〔met〕와 의복의 단열성을 표현하는 단위〔clo〕

사람이 착석 안정시에 열적으로 쾌적하다고 느끼고 있는 상태에서의 에너지 대사량을 기준으로 잡아 이것과 어떤 작업시의 에너지 대사량의 비를 〔met〕로 하고 있다.

$$1 \text{ met} = 58.1 \text{ W/m}^2 \ [= 50 \text{ kcal/(m}^2 \cdot \text{h)}]$$

이다.

〔clo〕는 의복의 열절연성을 나타내는 단위로서, 기온 21℃, 상대습도 50 %, 기류속도 5 cm/s 이하의 실내에서 대사량 1 met의 활동 레벨에 있는 사람이 33.3 ℃의 평균 피부온도가 되어 쾌적한 상태가 될 수 있는 착의의 단열성을 1 clo 로 하고 있다. 이것을 열저항값으로 표현하면

$$1 \text{ clo} = 0.155 \ (\text{m}^2 \cdot \text{℃})/\text{W}$$

가 된다.

(2) 신표준 유효온도

신표준 유효온도(SET*)는 실제 온열환경하에서의 평균 피부온도, 피부의 습윤율 및 피부 표면에서의 전 방열량과 같아지는 가상적인 어떤 표준상태의 건구온도로서 정의되고 있다. 가상적인 표준상태로서는 건구온도와 평균 방사온도가 같고 상대습도 50 %, 풍속 0.15 m/s 이하의 안정된 기류상태의 온열환경이 취해진다. 신표준 유효온도를 이용하면, 실제 복잡한 온열환경하에서의 온냉감을 하나의 공통적인 척도로 평가할 수 있어 온열환경의 상호 비교를 가능케 한다. 표준상태에서의 clo값은 PMV가 0일 때 SET*=24 ℃가 되도록 정한 met값(1met=58.1W/m²)과 clo값의 관계식을 이용하여 제시한다[13]. 80 % 이상의 사람이 만족도를 느끼는 SET*의 범위는 22.2~25.6 ℃로 되어 있다.

(3) PMV

신유효온도가 인체를 체심부와 피부부의 두 부위로 나누어 비정상 열수지를 고려한 반면, PMV(Predicted Mean Vote)는 식 (2.32)와 같이 인체 전체에 대한 정상 열수지식을 기초로 하고 있다.[14]

신표준 유효온도

신표준 유효온도는 실제 온열환경하에서의 평균 피부온도, 피부의 습윤율 및 피부 표면에서의 전 방열량과 같아질 수 있는 등가 가상 표준상태의 건구온도로서 정의된다. 이 온열지표를 이용하면 실제로 복잡한 온열환경하에서의 온냉감을 하나의 공통적인 척도로 평가할 수 있다.

PMV

인체의 정상 열수지식과 온냉감이나 쾌적감에 관한 피험자 실험결과를 기초로 도출한 온열지표로서, PMV=0일 때 쾌적하다고 느끼는 사람의 비율이 최대라는 것을 알 수 있다. 온열환경의 설계에서는 공조 대상실의 거주역 전역에서 PMV가 ±0.5의 범위를 넘지 않도록 유의해야 한다.

$$M - W - E_d - E_{sw} - E_{res} - C_{res} = K = R + C \quad \cdots\cdots\cdots (2.32)$$

여기서, E_d : 피부로부터의 증발$[W/m^2]$

$\quad\quad E_{sw}$: 발한에 의한 피부에서의 잠열손실$[W/m^2]$

$\quad\quad K$: 피부 표면에서 착의상태인 인체 표면으로의 전열량

$\quad\quad\quad [W/m^2]$

그러나 이 식은 단순한 인체의 열수지식으로서, 이것을 충족시키는 것만으로 반드시 쾌적하게 되는 것은 아니다. Fanger는 피험자 실험을 통해 얻은 데이터를 기초로 쾌적하게 만드는 조건으로 생리학적 변수인 평균 피부온도 t_{sk} 와 발한증발에 의한 방열량 E_{sw} 가 다음과 같은 식을 충족시킬 필요가 있다고 하였다.

$$t_{sk} = 35.7 - 0.0275\,(M - W) \quad \cdots\cdots\cdots\cdots\cdots\cdots\cdots (2.33)$$
$$E_{sw} = 0.42\,(M - W - 58.1) \quad \cdots\cdots\cdots\cdots\cdots\cdots (2.34)$$

식 (2.32)의 M 과 W 이외의 항을 실온 $t\,[℃]$, 수증기 분압 $p_a\,[kPa]$, 풍속 $v\,[m/s]$, 평균 방사온도 $t_{mrt}\,[℃]$, clo값 $I_{cl}\,[clo]$, 평균 피부온도 $t_{sk}\,[℃]$ 등의 함수로서 표현하고 이 식에서 식 (2.33)과 식 (2.34)를 이용하여 평균 피부온도 t_{sk} 와 발한증발에 의한 방열량 E_{sw} 를 소거하면 쾌적방정식이 얻어지며 식 (2.35)의 함수형으로 된다.

$$f(M - W,\ I_{cl},\ t,\ t_{mrt},\ p_a,\ v) = 0 \quad \cdots\cdots\cdots\cdots\cdots (2.35)$$

이 식을 만족시키는 t, t_{mrt}, p_a, v 의 조합으로 쾌적하게 된다. 따라서 쾌적해지는 온열환경은 네 변수의 조합으로서 무수히 존재하게 된다.

온냉감 카테고리와 **표 2.1**과 같이 대응시킨 PMV와 쾌적방정식과의 관계 부여는 다음과 같이 이루어지고 있다.

표 2.1 PMV와 온냉감 카테고리의 대응

PMV	−3	−2	−1	0	1	2	3
온냉감	춥다 (cold)	시원하다 (cool)	약간 시원하다 (slightly cool)	중립 (neutral)	약간 따뜻하다 (slightly warm)	따뜻하다 (warm)	덥다 (hot)

쾌적조건에서 벗어난 온열환경에서는 쾌적방정식 (2.35)의 우변은 0이 되지 않고 어떤 값 Q_L[W/m²]을 취한다. Fanger는 Q_L을 인체에 대한 열부하라 하여 이 값이 클수록 불쾌감이 증가할 것이라 생각하고, 많은 피험자를 이용한 실험 결과를 기초로 식 (2.36)과 같이 PMV와의 관계를 부여하고 있다.

$$\text{PMV} = \{0.303 \exp(-0.036\,M) + 0.028\}\,Q_L \quad \cdots\cdots\cdots (2.36)$$

이 식의 Q_L을 구체적으로 표현하면 PMV는 식 (2.36)으로 되어, 이 식에서 PMV의 값을 계산할 수 있다.

$$
\begin{aligned}
\text{PMV} = \{\,&0.303 \exp(-0.36\,M) + 0.028\}\,[\,(M-W) \\
&-3.05\,\{5.73 - 0.007(M-W) - p_w\} \\
&-0.42\,\{(M-W) - 58.1\} \\
&-0.0173\,M(5.87 - p_w) \\
&-0.0014\,M(34 - t) \\
&-3.96 \times 10^{-8}\,f_{cl}\{(t_{cl} + 273)^4 - (t_{mrt} + 273)^4\} \\
&-f_{cl}\,h_c(t_{cl} - t)\,] \quad \cdots\cdots\cdots\cdots\cdots (2.37)
\end{aligned}
$$

단, f_{cl}은 착의 상태인 몸의 표면적과 나체 표면적의 비율로서 다음과 같은 식으로 계산된다.

$$
\begin{aligned}
f_{cl} &= 1.0 + 0.2\,I_{cl} \qquad I_{cl} < 0.5\,\text{clo} \\
f_{cl} &= 1.05 + 0.1\,I_{cl} \qquad I_{cl} > 0.5\,\text{clo} \quad \cdots\cdots\cdots\cdots (2.38)
\end{aligned}
$$

의복의 표면온도 t_{cl}[℃]은 식 (2.39)에서 반복 계산에 의해 구한다.

$$
\begin{aligned}
t_{cl} = 35.7 &- 0.028\,(M-W) \\
&- 0.155\,I_{cl}\,[3.96 \times 10^{-8}\,f_{cl}\{(t_{cl} + 273)^4 - (t_{mrt} + 273)^4\} \\
&+ f_{cl}\,h_c(t_{cl} - t)\,] \quad \cdots\cdots\cdots\cdots\cdots (2.39)
\end{aligned}
$$

대류열전도율 h_c[W/m²·℃]는 식 (2.40)과 식 (2.41)에서 큰 쪽을 채택한다.

$$h_c = 2.38\,(t_{cl} - t)^{0.25} \quad \cdots\cdots\cdots\cdots\cdots\cdots\cdots (2.40)$$

$$h_c = 0.0121\sqrt{v} \qquad \cdots\cdots\cdots\cdots\cdots\cdots\cdots\cdots(2.41)$$

만족되는 온열환경의 범위를 '약간 시원하다', '중립', '약간 따뜻하다'의 세 카테고리로 한다면 만족하지 못하는 사람의 비율 **PPD**(Predicted Percent of Dissatisfied)는 식 (2.42)로 나타내어[15],

$$PPD = 100 - 95\exp[-(0.03353\,PMV^4 + 0.2179\,PMV^2)]$$
$$\cdots\cdots\cdots\cdots\cdots\cdots\cdots\cdots(2.42)$$

▶ PMV의 측정높이

한 점만을 계측할 경우, 앉아 있는 인체에 대해서는 마루 위 0.6 m 에서, 서 있는 인체에 대해서는 1.0 m 에서 측정한다. 세 점 측정시에는 앉아 있는 경우 마루 위 0.2, 0.6, 1.0 m 에서, 서 있는 경우는 0.3, 1.0, 1.7 m 의 높이에서 PMV를 구하고 그 평균값을 내도록 Fanger 는 권장하고 있다.

PPD는 PMV=0일 때에 5 %, ±0.5일 때에 10 %, ±1일 때에 약 27 %, ±2일 때에 약 80 %로 된다. 온열환경의 설계에서는 공조 대상실의 거주역 전역에서 PMV가 ±0.5의 범위를 넘지 않도록 유의한다.

그림 2.19는 PMV의 등가선을 공기선도 상에 그린 것이다. 계산조건은 그림 속에 제시되어 있다. 이 조건의 경우, 상대습도가 10 % 낮아지면 PMV=0인 경우에 약 0.25℃의 기온 저감효과가 있다는 것을 알 수 있다. 또 쾌적조건으로서 −0.5 < PMV < 0.5 를 선정하여 상대습도의 하한을 건물관리법에서 정한 40 %, 상한을 경험적으로 60 %로 정하면 그림의 사선부분이 실내환경의 설정목표 범위가 된다. 이 범위에서 실내환경을 제어할 수 있다면, 예를 들어 종래의 26℃, 50 %로 일정하게 유지하는 점 제어에 비해 제어에 폭이 생기므로 에너지를 가장 절약할 수 있는 조건에서 운전을 실행함으로써 운전 에너지를 절감할 수 있다.

PMV는 기온, 습도, 풍속, 평균 방사온도, 착의량(clo값), 활동량의 물리량에서 식 (2.37)을 사용하여 계산할 수 있지만 이것을 직접 계측하는 계기도 시판되고 있다.

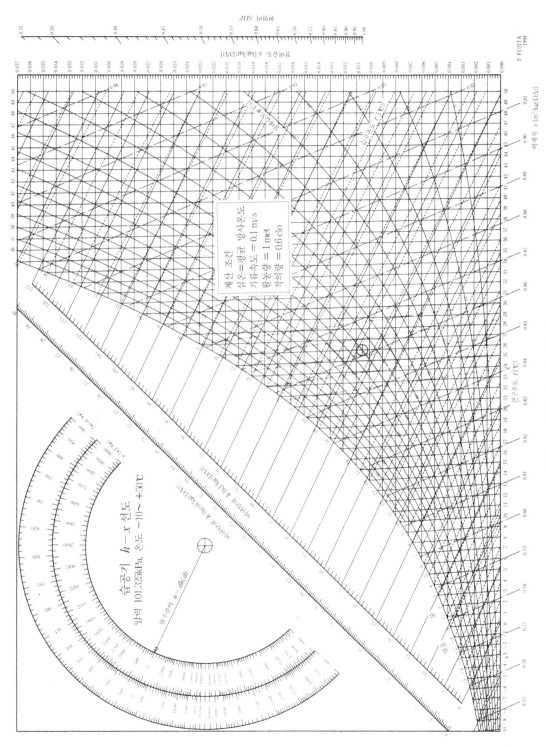

그림 2.19 공기선도 상에서의 PMV 등가선

유효온도와 불쾌지수

온열지표로서는 신유효온도, 신표준 유효온도, PMV 이외에도 유극냉각률, 유효온도, 불쾌지수, 작용온도, 습구 글로브 온도(WBGT) 등 여러 가지가 제안되어 왔다. 여기에서는 공기조화의 발전에 지대한 공헌을 해 온 유효온도와 일기예보 등에서 친숙한 불쾌지수에 관하여 설명한다.

유효온도(Effective Temperature : ET)는 1923년에 Houghton과 Yaglou에 의해서 발표된 온열지표로서, 인체의 열수지식에 의거하지 않고 피험자의 온냉감 신고를 토대로 만들어진 것이며, 착의량과 활동량을 고정시킨 조건하에서 기온, 습구온도, 기류의 세 가지 온열인자의 영향을 종합 평가할 수 있도록 되어 있다. 이 지표는 어떤 실제의 건구온도, 습구온도 및 기류속도의 조건하에서 느끼는 온냉감과 같은 감각을 부여하고 정지(靜止)된 포화공기(상대습도 100 %)의 온도로서 정의된다. 유효온도는 지금까지 많이 이용되어 왔지만 착의량이나 활동량이 고정되어 있어 범용성이 결여된다는 점과 저온역에서는 습도의 영향을 과대하게 평가하고 고온역에서는 과소하게 평가하는 등의 이유 때문에 신 유효온도가 나온 다음부터는 그다지 사용되고 있지 않다.

불쾌지수(Discomfort Index : DI)는 유효온도의 일부를 수식화한 것으로서, 기온 t [℃]와 습도, 예를 들면 습구온도 t' [℃]의 함수로서 다음과 같은 식으로 계산된다.

$$DI = 0.72(t + t') + 40.6$$

공기선도 상에 불쾌지수의 등가선을 나타내면 다음 페이지의 그림과 같다. 불쾌지수는 여름에 옥외 대기의 무더움 정도를 나타낼 때 이용되고 있으며, DI＝72에서 2 %, 75에서 9 %, 77에서 65 %, 85에서 93 %의 사람이 불쾌감을 느끼는 것으로 되어 있다.

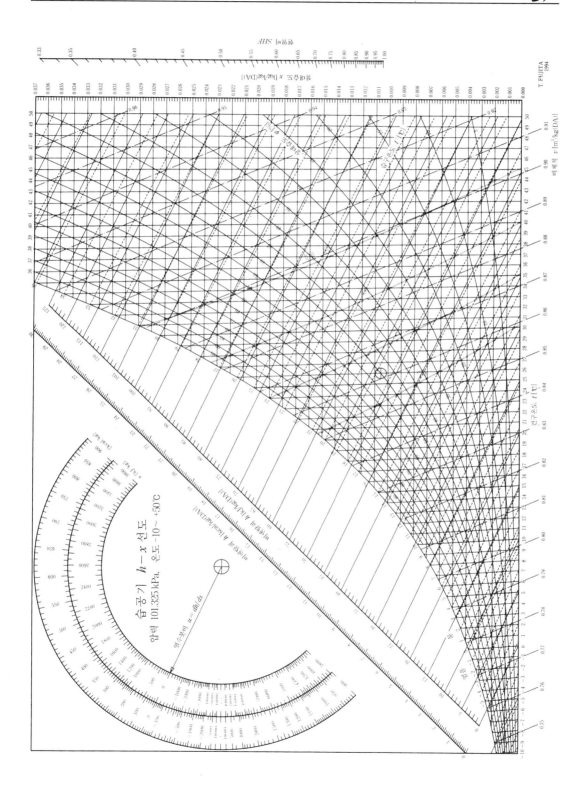

습공기 h-x 선도
압력 101.325 kPa, 온도 -10~ +50℃

참고문헌

1) 井上宇市 : 空気調和ハンドブック(1982), p.26, 丸善

2) 空気調和・衛生工学会編 : 空気調和設備の実務の知識(1989), p.17, 옴(オーム)사

3) 井上宇市 : 空気調和ハンドブック(1982), p.199, 丸善

4) 井上宇市 : 空気調和ハンドブック(1982), p.203, 丸善

5) 山田治男 : 冷凍および空気調和(1985), p.282, 養賢堂

6) 井上宇市 : 空気調和ハンドブック(1982), p.31, 丸善

7) 空気調和・衛生工学会編 : 空気調和設備の実務の知識(1989), p.18, 옴(オーム)사

8) 山田雅士 : 建築の結露(1988), pp.79～239, 井上書院

9) 空気調和・衛生工学会編 : 空気調和設備の実務の知識(1989), p.16, 옴(オーム)사

10) ASHRAE : 1989 Fundamentals Handbook(1989), p.8. 2

11) D. DuBois and E. F. DuBois : A fomula to estimate approximate surface area, if height and weight are known, Archives of Internal Medicine 17 (1916), pp.863～871

12) ASHRAE : 1989 Fundamentals Handbook(1989), pp. 8. 12～8. 13

13) A. P. Gagge, et al. : A Srandard Predictive Index of Human Response to the Thermal Environment, ASHRAE Transaction, No.1 (1986), pp. 709～731

14) P. O. Fanger : Thermal Comfort(1970), McGraw-Hill

15) ASHRAE : ASHRAE Fundamentals Handbook(1989), p.8. 17

16) 空気調和・衛生工学会編 : 空気調和設備計画設計の実務の知識(1995), p.43, 옴(オーム)사

공기조화 기기와 공기선도

공기조화기의 기능은 공기의 냉각과 감습, 가열과 가습, 공기정화와 신선한 공기인 외기의 도입 그리고 그들 조화공기의 송풍이다. 이들 개개의 요건을 충족시키기 위해서는 기기의 능력이나 성능에 많이 의존하게 된다. 따라서 최적 기기의 설계와 선정은 중요한 설계요소가 된다.

공기선도는 공기의 상태값 중 두 가지를 알게 되면 다른 것이 판독되고, 두 점간을 결정하면 냉각이나 가습, 혼합 등의 상태 변화가 정량적으로 검토된다.

따라서 공기선도는 에너지 절약을 비롯해 합리적 공조설계에 불가결한 도구이며 기기의 설계, 선정에 있어서도 매우 유용하고 편리하다.

3·1 공기냉각기와 공기가열기 (물-공기 열교환기)

공기조화기의 기능 중, 특히 중요한 역할을 하는 것이 공기냉각기와 가열기이다. 여기에서 사용되는 에너지는 대량이며 공기선도에 표현되는 열이동량도 크다. 공기냉각기는 공기의 온도를 내리는 냉각과 냉각에 따라 공기중의 수증기를 물방울의 상태로 제거하는 감습기(제습기)로서의 기능도 아울러 갖추고 공기조화기에 장착되어 사용하는 것이 일반적이다.

(1) 냉각코일과 가열코일

공기냉각기와 공기가열기는 겸용되는 경우가 많으며, 열매체가 공기온도보다 낮을 때에 냉각기가 되고 그 반대의 경우에는 가열기가 된다. 또 공조기기 가운데에서는 냉각코일, 가열코일, 열원이 물일 때에는 **냉수코일**이나 **온수코일**이라 불리는 경우가 많다.

냉각용 열매체에는 물, 냉매(프레온 기체 등), 브라인(부동액)이나 셔벗(sherbet) 상의 빙수 또는 우물물 등이 사용되고 가열용에는 온수, 냉매, 고온수, 증기 등이 이용된다. **그림 3.1**에 대표적인 핀 튜브형 냉각, 가열코일을 나타낸다.

▶ **냉각과 가열**

냉각이나 가열은 사람을 대상으로 한 쾌적 공간의 조성뿐만 아니라 컴퓨터 환경의 조성이나 정밀기계 제조 등 산업용으로서도 매우 중요한 역할을 한다. 코일은 그 심장부라고 할 수 있다.

냉각코일

냉각코일은 냉각과 제습의 양 기능을 지니며 겸용 코일의 가열기로도 이용된다.

▶ **브라인(Brine)**

원래 염수라는 뜻이지만 공조분야에서는 부동액으로서 0 ℃ 이하에서 사용하는 열매체액을 말한다.

에틸렌글리콜이나 프로필렌글리콜의 수용액이 많다.

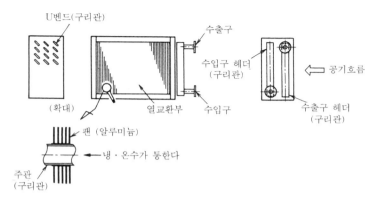

그림 3.1 냉각·가열코일

▶ **핀의 형상**

핀은 플레이트 형상
이 일반적이며 플랫형,
웨이브형, 슬릿형, 루
버형 등이 있다.

▶ **코일의 재료**

열전달이 우수하고
내식성이 있는 구리관
과, 핀은 알루미늄이 일
반적이며 이밖에 수질
에 따라 구리합금, 스테
인리스 등도 사용된다.

(2)코일의 선정

코일은 열매체의 종류나 냉각공기의 성질 등에 따라 많은 종류가 있
으며 또한 열교환 효율을 높이기 위해 다양한 연구가 진행되고 있다.
부하계산 결과로 코일의 설계, 선정을 해야 한다. 설계시에는 열전달 데
이터도 다루어야 하지만 선정하기 쉽도록 메이커가 제공하고 있는 데이
터가 기입된 카탈로그를 이용하는 것이 일반적이다. 최근에는 퍼스널
컴퓨터용 계산 소프트웨어를 이용하는 경우가 많다. 코일의 선정은 코
일 통과 풍속으로 정해지는 코일 정면면적과 소요되는 열수를 결정하는
것이다. 선정 순서(**그림 3.2**)를 아래 조건의 예로 나타낸다.

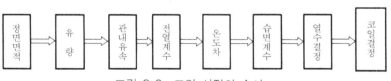

그림 3.2 코일 선정의 순서

조건

냉각 전열량 q : 120 kW

풍량 Q : 15000 m³/h(외기량 4500 m³/h, 환기량 10500 m³/h)

외기(OA) : 건구온도 34.0 ℃(DB), 상대습도 60 % (RH)

환기(RA) : 건구온도 26.0 ℃(DB), 상대습도 50 % (RH)

입구수온 t_{W1} : 7 ℃ 출구수온 t_{W2} : 12 ℃

코일풍속 U_f : 2.6 m/s 이하 코일 유효길이 Le : 2000 mm

1) **코일 정면면적** A_f [m²]의 산출

▶ **코일풍속**
면풍속이라고도 한다.
처리풍량을 코일의 전면
투영면적으로 나눈 값

$U_f = 2.5$m/s로서

$$A_f = Q/(3600\,U_f)$$
$$= 15000/(3600 \times 2.5) \fallingdotseq 1.67\text{m}^2$$

2) **코일 유량** G [l/min]의 산출

$$G = 60\,q/\{4.186\,(t_{W2} - t_{W1})\}$$
$$= 60 \times 120/\{4.186 \times (12 - 7)\} = 344\,l/\text{min}$$

3) **관내 유속의 산출** : 관 한 개당 물의 양을 관의 단면적으로 나누어 구한다. 헤더의 분배관수(단수)가 22개로 1개당 물의 양은 344/22 $\fallingdotseq 15.63\,l/\text{min} = 0.2605 \times 10^{-3}\text{m}^3/\text{s}$, 단면적은 관의 안지름 15 mm ϕ 코일로서

$$\pi r^2 = \pi \times 7.5^2 = 176.6\text{ mm}^2 = 176.6 \times 10^{-6}\text{m}^2$$

관내 유속은,

$$0.2605 \times 10^{-3}/(176.6 \times 10^{-6}) \fallingdotseq 1.48\text{ m/s}$$

4) **전열계수** K_f [W/(m²·℃·Row)]의 산출 : 전열계수는 코일 성능을 나타내는 가장 중요한 값으로서, 편의 형상, 재질이나 유속, 풍속 등에 의하여 결정된다. 코일 1열(Row)당, 공기 통과면적(정면면적) 1m² 당, 물과 공기의 평균 온도차 1℃ 당의 전열량으로 표현한다. **그림 3.3**에 전열계수의 한 예를 나타낸다.

▶ K_f**값**
코일 정면면적을 기준으로 하는 외에 편전체 면적을 기준으로 하는 경우도 있다.

그림 3.3에서 유속 1.48 m/s, 코일 정면풍속 2.5 m/s일 때의 $K_f = 850$ W/(m²·℃·Row)를 구한다.

5) **대수평균온도차** Δt_{lm} [℃]의 산출 : **그림 3.4**와 같이 공기선도를 작성하여 공기 입구온도(t_{a1} [℃])와 공기 출구온도(t_{a2} [℃])를 구한다.

t_{a1}은 외기와 환기의 혼합공기 온도로 공기선도에서 선분하여 구해도 되지만 다음과 같은 식으로 계산할 수 있다.

$$t_{a1} = \{\text{OA온도} \times \text{OA량}) + (\text{RA온도} \times \text{RA량})\}/(\text{OA량} + \text{RA량})$$
$$= \{(34 \times 4500) + (26 \times 10500)\}/(4500 + 10500) = 28.4℃$$

코일의 능력

동일한 코일이라도 온도, 풍속 등의 조건이 달라지면 코일 능력은 변한다.

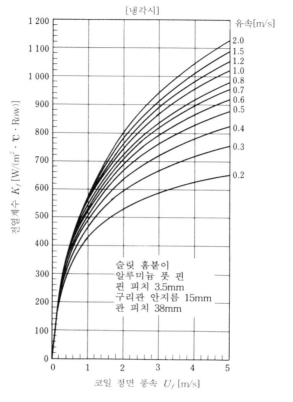

그림 3.3 전열계수(S사 카탈로그)

▶ **유속과 풍속**

목욕탕에서 더운물을 휘저으면 가만히 있을 때보다 뜨겁다. 이것은 물의 흐름에 의해 열전달이 커지기 때문이다. 서늘한 바람이나 차가운 바람도 풍속과 열전달의 관계이다.

공기의 혼합

혼합점은 풍량비로 결정된다. 계산에 의하든가 공기선도에서 선분하여 구한다.

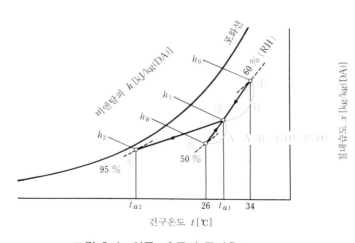

그림 3.4 입구, 출구의 공기온도

t_{a2}는 코일 바이패스 팩터로 구하는 방법도 있지만 감습 냉각시의 출구 공기 특성에서 기술한 바와 같이 일반적인 냉각코일의 출구공기는 상대 습도 95 % 의 선상에서 변화한다고 가정하고 다음 식에 의해 출구공기의 엔탈피(h_2 [kJ/kg(DA)])를 구하여 상대습도 95 % 의 교점에서 t_{a2} 를 구한다.

$$h_2 = h_1 - 3600\,q/(\rho Q) \quad \cdots\cdots\cdots\cdots\cdots\cdots\cdots\cdots (3.1)$$

여기서, h_1 = 입구공기의 엔탈피 [kJ/kg(DA)]

ρ = 공기의 밀도(표준상태 1.2 kg/m³)

$h_2 = 62.6 - (3600 \times 120)/(1.2 \times 15000) = 38.6\ \text{kJ/kg(DA)}$

출구공기 온도 $t_{a2} = 14.3$℃를 공기선도로 판독한다.

$$\Delta t_{lm} = (\Delta_1 - \Delta_2)/\ln(\Delta_1/\Delta_2) \quad \cdots\cdots\cdots\cdots\cdots (3.2)$$
$$\Delta_1 = t_{a1} - t_{w2} \qquad \Delta_2 = t_{a2} - t_{w1}$$
$$= \{(28.4 - 12) - (14.3 - 7)\}/$$
$$2.30\log_{10}\{(28.4 - 12)/(14.3 - 7)\} = 11.25\ ℃$$

6) **습윤면계수** WSF의 산출 : 습윤면계수는 결로수에 의한 열전달값의 보정값으로서, SHF 가 1~0.4 의 범위에서는 다음과 같은 실험식이 이용된다.

$$\text{WSF} = 1.04 \times SHF^2 - 2.63 \times SHF + 2.59 \quad \cdots\cdots\cdots\cdots (3.3)$$

SHF는 코일의 현열비(현열/전열)

$$SHF = (t_{a1} - t_{a2})/(h_1 - h_2) \quad \cdots\cdots\cdots\cdots\cdots (3.4)$$
$$= (28.4 - 14.3)/(62.6 - 38.6) ≒ 0.59$$

$$\text{WSF} = 1.04 \times 0.59^2 - 2.63 \times 0.59 + 2.59 ≒ 1.40$$

7) **코일 열수** Row의 산출

$$\text{Row} = (1000\,q)/(K_f \Delta t_{lm} A_f\,\text{WSF}) \quad \cdots\cdots\cdots\cdots (3.5)$$
$$= (1000 \times 120)/(850 \times 11.25 \times 1.67 \times 1.4) ≒ 5.36\ 열$$

계산 결과에 10%의 여유를 두고 $5.36 \times 1.1 = 5.89 \rightarrow 6$열로 한다.

결정코일의 형상과 온도의 상태를 **그림 3.5**에 나타낸다.

▶ **병행류인 경우**

Δt_{lm}은

$\Delta_1 = t_{a1} - t_{w1}$

$\Delta_2 = t_{a2} - t_{w2}$

Δt_{lm} 은 대향류보다 낮아 불리하다.

──────────

WSF

WSF는 응축수에 의한 K_f값의 보정값이기 때문에 응축수가 나오지 않는 가열코일인 경우는 $K_f = 1$

──────────

코일의 성능

열수를 구하는 계산식

$\text{Row} = (1000q)/(K_f \cdot \Delta t_{lm} A_f \text{WSF})$

코일의 성능은 $K_f \cdot \Delta t_{lm} \cdot A_f \cdot \text{WSF}$로 결정된다.

▶ **겸용코일의 열수**

　냉각과 가열을 겸용하는 코일에서는 냉각과 가열 두 가지를 계산하여 열수가 큰 쪽을 채택한다.

열수의 여유

　관의 내면이나 핀 오염에 의한 능력 저하를 고려하여 코일의 열수는 계산 결과에서 5~20% 정도 여유를 둔다.

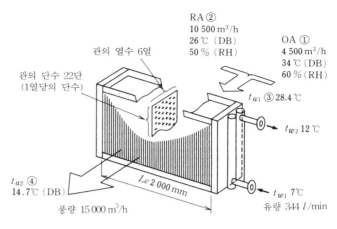

그림 3.5　결정코일

물-공기 열교환기의 핀

　물이 보유하는 열을 관을 통해 간접적으로 공기로 이동시킬 때, 물이 관으로 전달되는 열전달값은 관이 공기에 전달하는 것보다 몇 십배나 크다.

　즉, 공기로 전달되는 열효율이 낮다고 할 수 있다. 핀은 공기 측의 낮은 열전달값을 면적으로 보충하여 물 측의 전달량까지 높이기 위한 것이다.

　핀의 성능은 재질이나 형상, 관 배열이나 치수 등으로 결정되고 물-공기 열교환기로서의 중요한 역할을 해낸다.

　오토바이의 공랭 엔진 바깥쪽에 있는 빗살 모양의 금속판도 핀이다.

(3) 감습 냉각시의 출구공기 특성

출구공기 온도

　냉각제습 코일의 일반적인 공기조건에서는 95 %(RH)선상에서 다룬다.

　공기조화기에 이용되는 일반적인 코일 및 냉각 조건 〔열수 : 6~12열, 풍속 : 2~3 m/s, 유속 : 0.5~2 m/s, 입구수온 : 5~9℃, 입구공기 온도 : 25~35℃(DB), 20~30℃(WB)〕의 경우, 냉각시 공기의 상태 변화는 **그림 3.6**과 같이 먼저 현열 변화만의 냉각부터 시작하여(공기 노점온도보다 수온이 낮고 핀이 습한 상태일지라도 초기 냉각시는 공기선도에 변화를 줄 정도의 감습은 없다), 상대습도가 70~80 %에 도달한 시점에서 서서히 감습을 수반한 냉각이 되어 대체적으로 상대습도가 95 % 인 선상을 따라 변화한다. ①점에서 ③점으로의 이행은 ②점을 경유하여 냉각과 동시에 감습이 일어날 것 같은 ①-③을 직선적으로는 이행하지 않는다. 따라서 감습을 수반하는 코일 출구공기는 이 곡선 상에 위치한다. 단, 직선으로 연결하더라도 이 변화량에는 차이가 없고 선도를 그리기 쉽다는 점에서 직선으로 나타내는 경우가 많다. 이 장에서도 공기 출구의 상태점은 상대습도 95 %의 선상으로서 다루고 입구, 출구의 변화에 지장이 없는 것에 대해서는 직선으로 표현하고 있다.

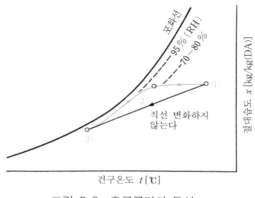

그림 3.6   출구공기의 특성

(4) 냉각코일의 능력제어

코일은 최대 부하를 처리하는 능력(용량)으로 설계되어 있지만 일반 냉난방에서는 연간 상황을 볼 때, 최대 부하시보다 부하가 낮은 부분 부하의 시간 쪽이 훨씬 길다. 적절한 온도를 유지하기 위해 또한 에너지 절약을 위해서도 능력제어(용량제어)는 빠뜨릴 수 없다. 능력제어 방법에는 다음과 같은 것이 있다.

표 3.1, 표 3.2, 표 3.3, 표 3.4는 대표적인 조건하에서의 코일 능력 변화량으로, 보편적인 값은 아니지만 제어 경향을 파악하는 데에 참고할 수 있다.

계산의 기준값은 다음과 같으며 유량, 수온, 풍량을 변화시키고 있다.

입구공기 온도 : 28 ℃(DB)·21℃(WB)	
입구수온 : 7℃	수온차 : 5℃
코일 풍속 : 2.8 m/s	관내 유속 : 1.0 m/s
코일 열수 : 6	구리관 : 15 ϕ·알루미늄 핀 3.5 P

▶ **2방향 밸브와**
3방향 밸브

부하 감소에 대해 3방향 밸브는 코일로의 유량을 바이패스시키고 2방향 밸브는 교축시킴으로써 감소시킨다.

2방향 밸브에서는 송수량이 변화하기 때문에 반송동력을 절약할 수 있다.

1) 유량을 바꾼다 : 2방향 밸브나 3방향 밸브 등으로 유량을 제어한다. 유량 변화에 의한 능력 변화량을 **표 3.1** (a), (b)에 나타내고 **그림 3.7**에 출구공기점을 나타낸다. 이 방법은 온도 변화에 비례하고 제어 특성도 양호하므로 가장 일반적으로 사용되고 있다.

표 3.1 유량 변화의 전열과 현열의 비율 및 출구공기 온도(참고),
(유량 100%시에 전열 100%가 기준)

(a)

유량비 [%]	전열 q_t	현열 q_s	잠열 q_L	q_s/q_t	q_L/q_t	출구공기 온도[℃]
125	106	66	40	0.62	0.38	14.2
100	100	65	35	0.65	0.35	14.7
75	93	62	31	0.67	0.33	15.2
50	82	58	24	0.71	0.29	16.2
25	67	53	14	0.79	0.21	18.0
15	40	40	0	1.0	0	19.7

(b)

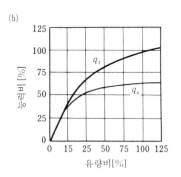

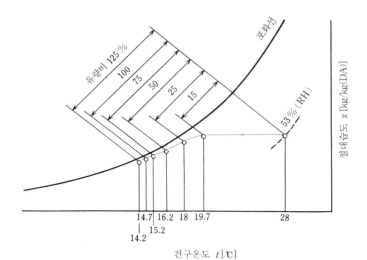

그림 3.7 유량 변화의 출구공기점

온도 상승

냉각시의 부분 부하시는 제습능력이 저하되어 습도가 올라간다.

2) 수온을 바꾼다 : **표 3.2** (a), (b)에 수온 변화와 능력을 나타낸다. 냉각코일의 경우는 수온을 높여 대수평균온도차를 낮추고 냉각능력을 저하시킨다. 냉방시의 수온은 보통 5℃에서 15℃의 범위로 제어된다. 유량 변화와 마찬가지로 수온이 상승함에 따라 제습능력은 저하된다. 예를 들면, 수온 15℃에서는 현열처리만 되어 감습은 없어진다.

표 3.2 수온 변화의 전열과 현열의 비율 및 출구공기 온도(참고),
(수온 7℃시에 전열 100%가 기준)

(a)

입구수온[%]	전열 q_t	현열 q_s	잠열 q_L	q_s/q_t	q_L/q_t	출구공기 온도[℃]
5	114	70	44	0.61	0.39	13.6
7	100	65	35	0.65	0.35	14.7
9	87	60	27	0.69	0.31	15.7
11	73	55	18	0.75	0.25	16.7
13	58	50	8	0.86	0.14	17.8
15	45	45	0	1.0	0	18.7

(b)
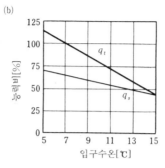

3) 풍량을 바꾼다(**VAV 방식**)：**표 3.3** (a), (b)는 수온과 유량이 일정한 상태에서 풍량만을 변화시킨 예이다. 이런 경우, 출구공기 온도는 풍량이 저하될수록 내려가 잠열처리 비율이 높아진다. 냉각능력은 풍량 자체가 감소하고 있기 때문에 저하된다. 또 급기온도가 내려가기 때문에 취출구 등에 결로를 일으키기 쉽다. 일반적으로 이 제어의 경우에는 **표 3.4** (a), (b)와 같이 풍량이 저하될지라도 출구공기 온도가 일정하게 되도록 유량제어도 동시에 실행하는 것이 보통이다. 이 경우는 풍량에 따라 냉각능력이 얻어지고 있어 부분 부하시의 습도 상승도 현열비의 저하분 정도이다.

▶ **VAV 방식** (Variable Air Volume)

부하에 따라 송풍량을 변화시키는 시스템으로, 팬 동력의 절약을 기할 수 있다. 풍량 감소는 환기효과를 저하시키므로 최저 환기량 이하로는 하지 않는다.

▶ **VAV 유닛**

서모스탯의 신호를 받아 풍량을 제어하는 기기로서, 정압의 변동을 흡수하는 정풍량 기능을 가진다. 사람이 없는 방의 풍량을 0으로 할 수 있는 전폐기구도 흔히 이용된다.

표 3.3 풍량 변화의 전열과 잠열의 비율 및 출구공기 온도(참고),
(풍속 100%시에 전열 100%가 기준)

(a)

풍량비[%]	전열 q_t	현열 q_s	잠열 q_L	q_s/q_t	q_L/q_t	출구공기 온도[℃]
125	109	75	34	0.69	0.31	15.7
100	100	65	35	0.65	0.35	14.7
75	88	54	34	0.61	0.39	13.3
50	69	40	29	0.58	0.42	11.5
25	40	22	18	0.56	0.44	9.3

(b)
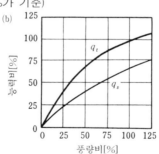

표 3.4 풍량과 유량 변화의 전열과 현열의 비율 및 출구공기 온도(참고),
(풍속 100%시에 전열 100%가 기준)

(a)

풍량비[%]	전열 q_t	현열 q_s	잠열 q_L	q_s/q_t	q_L/q_t	출구공기 온도[℃]
100	100	65	35	0.65	0.35	14.7
75	75	49	26	0.65	0.35	14.7
50	50	33	17	0.65	0.35	14.7
25	25	16	9	0.65	0.35	14.7

(b)
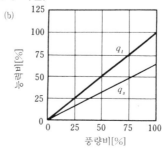

▶ **과풍량은 제습 부족의 원인**

냉각코일의 처리 열량은 단적으로는 풍량×온도차로 결정되기 때문에 풍량이 과도하면 온도차가 작아지고 제습능력이 떨어진다.

(5) 재열의 이유

유량제어에서 부분 부하시에는 유량이 감소함에 따라 코일의 출구공기 온도가 상승하여 제습량이 감소되므로 **제습 부족**현상이 일어난다(**그림 3.8**). ③−④ 간의 냉각운전에서 실내상태 ②점〔26℃, 50 % (RH)〕을 유지하고 있을 때, 외기 ①(34℃)이 ①′(29℃)로 변화하고 실내 현열부하도 저하되었을 때, 유량제어가 작동하여 코일 출구온도를 ④(15℃)에서 ④′(20℃)로 상승시킴으로써 실온 26℃를 유지한다. 이 때, 제습량은 Δx 에서 $\Delta x'$ 로 감소하기 때문에 ②점은 제습 부족인 만큼 ②′점으로 상승한다. 또한 부분 부하시에도 실내의 잠열부하는 그다지 변화하지 않기 때문에 *SHF* 는 저하되는 것이 보통이다. 이 예에서 *SHF*가 0.8 에서 변화하지 않을 경우에는 상대습도가 67 %로 된다는 것을 알 수 있다. 또한 *SHF* 가 0.65 로 되면 상대습도는 70 % 로 된다. 재열은 이러한 **부분 부하**시에도 온도와 습도를 제어하기 위해 ⑤점까지 냉각감습하여 적절한 *SHF* 선상의 송풍점 ⑥점을 얻기 위해 실행한다.

(6) 코일 바이패스 컨트롤

그림 3.8 에서 부분 부하시의 송풍온도 20℃를 얻기 위해 일부의 공기를 코일 통과시키지 않고(코일 바이패스) 통과 공기와 혼합하여 급기하는 방법이 있다. 그림 3.8 에서는 (20−15)/(26−15)×100 ≒ 45 %의 바이패스량으로 ②−④의 선상에 취출온도 20℃를 얻을 수 있다. 이 방법은 제습량이 확보되기 때문에 온도 제어용으로서만이 아니라 부분 부하시의 습도 상승을 억제하는

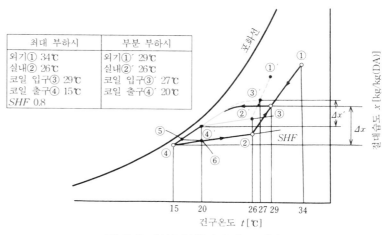

최대 부하시	부분 부하시
외기① 34℃	외기①′ 29℃
실내② 26℃	실내②′ 26℃
코일 입구③ 29℃	코일 입구③′ 27℃
코일 출구④ 15℃	코일 출구④′ 20℃
SHF 0.8	

건구온도 t 〔℃〕

그림 3.8 부분 부하시의 습도 상승

방법으로도 이용되고 있다.

(7) 가열코일의 능력제어

제어방법으로는 냉각코일과 같은 방법이 이용된다. 공기선도는 어느 경우에나 절대습도 일정의 수평이행뿐이다(**그림** 3.9).

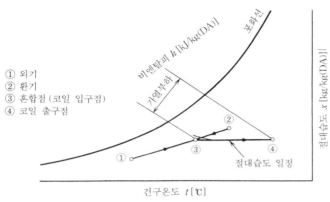

그림 3.9 가열코일의 상태 변화

Exercise 3·1

외기온도 34℃, 습도 55%를 처리하는 외조기로 취출하여 공기온도를 실내 설정값인 26℃, 습도 50%로 할 때의 공기선도를 그리고, 풍량 Q [m³/h]로 한 열량[kW]을 나타내는 계산식을 표기하여라(송풍기 발열은 고려하지 않는다).

Answer

그림 3.10과 같이 ③점이 취출공기점지만 ①—③에는 직접 변화시킬 수 없기 때문에, 일단 ③점의 절대습도 선상(x_1)과 상대습도 95%의 교점 ②까지 ①점으로부터 냉각한 다음에 ②—③간의 재열이 필요하게 된다. 열량은

$$냉각량 = (h_1 - h_2)\rho Q/3600\,[kW] \quad \cdots\cdots\cdots\cdots\cdots\cdots\cdots\cdots (3.6)$$

$$재열량 = (h_3 - h_2)\rho Q/3600\,[kW] \quad \cdots\cdots\cdots\cdots\cdots\cdots\cdots (3.7)$$

ρ는 공기의 밀도로서, 실용 계산에서는 $1.2\,kg/m^3$을 이용한다.

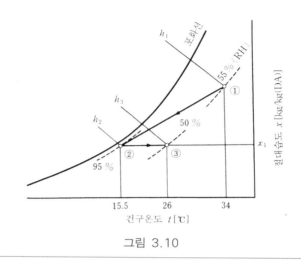

그림 3.10

3·2 현열교환기와 전열교환기

▶ **코일 배터리**

코일－코일식 열교환방법을 코일 배터리식이라고도 한다.

야구에서 피처와 캐처의 볼 던지기와 열의 주고받음이 비슷하기 때문이다.

배기열을 효과적으로 이용하여 에너지 절약을 도모하기 위해 이용되는 공기 대 공기의 열교환기이다. 배기열과 외기를 열교환하여 외기부하를 경감시키는 **열회수**로서 이용된다.

표 3.5와 같이 각각 특색 있는 기종이 시판되고 있다. 현열과 잠열을 동시에 회수하는 전열교환기와 현열만을 회수하는 현열교환기가 있다.

전열교환기의 잠열회수는 투습성인 엘리먼트를 통하여 수분을 이동시키기 위해 공기 자체의 이동도 소량이지만 발생한다.

배기에 유해가스를 포함하거나 균 또는 취기의 배기가 소량이라도 급기에 혼입되는 것(오염)을 피해야 하는 공조에서는 잠열의 회수를 포기하고 배기 혼입이 없는 형식의 현열교환기로 하는 경우가 많다.

표 3.5 전열·현열교환기의 종류와 적용

	회전 로터식	정지 구획식	히트 파이프식	코일－코일식
형상	회전 로터형	정지형 직행류 / 정지형 대향류	히트 파이프형	코일 배터리형
엘리먼트의 종류	(1) 난연지에 흡수제를 함침시킨 것 (2) 알루미늄박에 흡착제를 도포한 것 (3) 기타 　세라믹 섬유, 플라스틱 장판, 금속 장판 등도 이용한다.	왼쪽과 같다. 엘리먼트가 금속 플레이트인 현열교환기는 고온의 배가스용	관과 핀 재료 　구리 　알루미늄 　구리합금 　철 　스테인리스 등 핀 : 레이디얼 핀, 　　 플레이트 핀	냉각코일과 같은 것이 많다. 　관 : 구리 　핀 : 알루미늄
효율	70~80% (풍속 2~3 m/s) (풍량비 OA/EA=1)	60~70% (풍속 2~3 m/s) (풍량비 OA/EA=1)	온도 효율(현열) 40~70 % (풍속 2~3 m/s) (풍량비 OA/EA=1)	온도 효율(현열) 40~60 % (풍속 2~3 m/s) (풍량비 OA/EA=1)
정압	100~200 Pa	100~200 Pa	100~300 Pa	100~200 Pa
주용도	빌딩 공조용	1) 빌딩 공조용 2) 소형은 팬을 일체화하여 국소 급배기용	1) 산업용의 고온 폐열 회수용 2) 동물 사육실	1) 동물 사육실 2) 제약공장 3) RI계통
특징	1) 회전동력 필요 2) 회전수 제어로 중간기의 온도 컨트롤이 가능 3) 자기 세정 작용을 가진다. 4) 소풍량에는 적합하지 않다.	1) 동력 불필요 2) 온도 컨트롤에는 바이패스 3) 통로가 필요 4) 전열효율과 현열효율은 다소 차이가 있다. 5) 소형 기종에 적합	1) 급배시 혼합이 없다. 2) 400℃ 이상에서도 사용할 수 있다. 3) 일반 공조로서는 냉온 전환이 불편	1) 절대로 급배기 혼합이 없다. 2) 급기와 배기 위치가 격리되어 있어도 사용할 수 있다.

(1) 전열교환기의 효율

기 호

OA : 외기(옥외 공기)

SA : 급기(실내로 보내지는 공기)

RA : 환기(실내로부터의 환기)

EA : 배기(실외로 배출하는 공기)

Q : 풍량　〔m³/h〕

h : 비엔탈피 〔kJ/kg(DA)〕

t : 건구온도 〔℃〕

x : 절대습도 〔kg/kg(DA)〕

η_h : 전열효율(엔탈피 효율)　〔%〕

η_t : 현열효율(온도효율) 〔%〕

η_x : 잠열효율(습도효율) 〔%〕

q_h : 전열회수량 〔kW〕

q_s : 현열회수량 〔kW〕

q_x : 잠열회수량 〔kW〕

Δ_h : 엔탈피차　〔kJ/kg(DA)〕

Δ_t : 건구온도차 〔℃〕

Δ_x : 절대습도차 〔kg/kg(DA)〕

ρ : 공기의 밀도(표준상태에서는 1.2 kg/m³로 한다)

c_p : 공기의 정압비열〔1.006 kJ/(kg·℃), 실용적으로는 1.0 kJ/(kg·℃)〕

h_s : 수증기의 증발잠열

　〔2501.6+1.805 t, 표준상태에서는 2540 kJ/kg (DA)〕

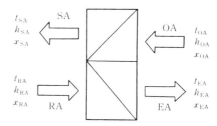

그림 3.11　전연교환기의 공기상태

OA, SA, RA, EA의 공기상태를 **그림 3.11**에 나타낸다. 전열교환기의 효율은 다음과 같다.

$$\eta_h = (h_{OA} - h_{SA})/(h_{OA} - h_{RA}) \times 100 \quad \cdots\cdots\cdots\cdots\cdots (3.8)$$

$$\eta_t = (t_{OA} - t_{SA})/(t_{OA} - t_{RA}) \times 100 \quad \cdots\cdots\cdots\cdots\cdots (3.9)$$

$$\eta_x = (x_{OA} - x_{SA})/(x_{OA} - x_{RA}) \times 100 \quad \cdots\cdots\cdots\cdots\cdots(3.10)$$

열량 계산식
$q_h = Q \Delta h \rho / 3600$
$q_s = Q \Delta t c_p \rho / 3600$
$q_L = Q \Delta x h_s \rho / 3600$

회전식 전열교환기의 공기선도 상의 SA점, EA점은 실용상 OA와 RA 의 선상에 있는 것으로 취급한다. 따라서 $\eta_t = \eta_x = \eta_h$ 가 된다. 효율은 OA와 RA의 공기량비와 전열교환기의 통과풍속에 의해 변화되어 일정 하지 않다. **그림 3.12**에 효율의 한 예를 들었다. 열회수량을 구하는 방법 을 다음의 예제에 나타낸다.

전열교환기의 효율
열교환기의 통과풍속 과 풍량비 (= 배기량/ 급기량)로 크게 변한다.

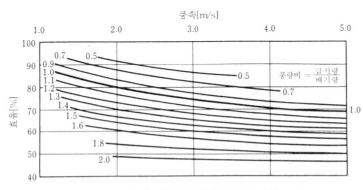

그림 3.12 전열교환기의 효율(M사 카탈로그)

Exercise 3·2

조건

외기풍량	21000 m³/h	온도	34.0℃(DB)	27℃(WB)
환기풍량	15000 m³/h	온도	27.0℃(DB)	19℃(WB)

위 조건의 공기를 회전식 전열교환기에서 풍속 3.2 m/s로 설계했을 때 의 현열, 잠열, 전열의 열회수량과 배기온도를 산출하여라(그림 3.12의 효율 그래프 이용).

Answer

그림 3.13에 나타낸 공기선도에서 h_1, h_2, x_1, x_2를 각각 판독한 다 음, 풍량비=21000/15000=1.4를 구하고 그림 3.12에서 η=62%를 구한 다. t_3, h_3, x_3은 OA-RA 사이를 62:38로 선분하여 구하거나 다음과 같이 계산한다.

$$t_3 = 34 - (34 - 27) \times 0.62 \fallingdotseq 29.7$$
$$h_3 = 85 - (85 - 54) \times 0.62 \fallingdotseq 65.8$$

$$x_3 = 0.0198 - (0.0198 - 0.0106) \times 0.62 \fallingdotseq 0.0141$$

$$q_h = Q \Delta h \rho / 3600 \quad \cdots\cdots\cdots\cdots\cdots\cdots\cdots\cdots\cdots\cdots\cdots (3.11)$$
$$= 15000 \times (85 - 65.8) \times 1.2 / 3600 = 96 \text{ kW}$$

$$q_s = Q \Delta t c_p \rho / 3600 \quad \cdots\cdots\cdots\cdots\cdots\cdots\cdots\cdots\cdots (3.12)$$
$$= 15000 \times (34 - 29.7) \times 1.0 \times 1.2 / 3600 = 21.5 \text{kW}$$

$$q_L = Q \Delta x h_s \rho / 3600 \quad \cdots\cdots\cdots\cdots\cdots\cdots\cdots\cdots (3.13)$$
$$= 15000 \times (0.0198 - 0.0141) \times 2540 \times 1.2 / 3600$$
$$\fallingdotseq 72.4 \text{ kW}$$

또는 '전열＝현열＋잠열'에서 $96\,\text{kW} - 21.5\,\text{kW} = 74.5\,\text{kW}$로 되어 72.4 kW와의 차는 선도 판독차와 환산오차이다.

배기온도는 풍량비가 역전하여 $15000/21000 = 0.714$로 되고 그림 3.12에서 효율 82 %를 구한다.

배기온도 $t_4 = 27 + (34 - 27) \times 0.82 \fallingdotseq 32.7\,℃$

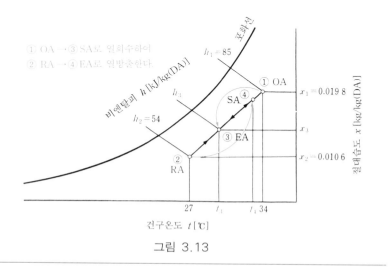

그림 3.13

Exercise 3·3

현열교환기를 이용한 열회수량과 배기측 공기의 온도를 구하라.

조건

OA : $-2℃(DB)$ $-4.5℃(WB)$ $8800\,m^3/h$

RA : $22℃(DB)$ $15.5℃(WB)$ $7500\,m^3/h$

교환 효율은 OA측 $\eta_1=55\%$,   EA측 $\eta_2=65\,\%$로 한다.

Answer

그림 3.14에서 열회수량은

$$t_3=-2+(22-(-2))\times0.55=11.2℃$$
$$q_s=8800\times(11.2-(-2))\times1.2/3600≒38.7kW$$

EA측의 공기온도는

$$t_4=22-(22-(-2))\times0.65=6.4℃$$
$$7500\times(22-6.4)\times1.2/3600=39\ kW$$

로 계산되지만, 6.4℃는 포화선을 가로지르기 때문에 열교환 엘리먼트에 결로가 발생하고 6.4 ℃까지는 내려가지 않는다. 냉각코일의 냉각제습과 마찬가지로 상대습도 95 % 선상을 이동하는 것으로 가정하여 공기선도에서 $h=43.5\ kJ/kg(DA)$, t_4 선상과 RA의 절대습도선의 가합점인 비엔탈피 h_1은,

> **회수량=방출량**
>
> 다른 방법으로는 열회수량과 방출량이 같기 때문에 회수량의 38.7 kW를 이용해도 된다.
> $39-38.7=0.3\,kW$ 의 차는 환산오차

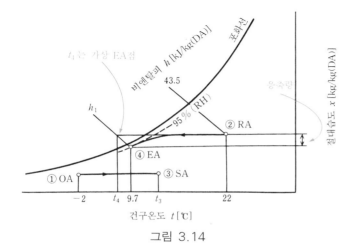

그림 3.14

$$h_1 = 43.5 - (3600 \times 39)/(7500 \times 1.2) = 27.9 \text{ kJ/kg(DA)}$$

h_1 선상과 상대온도 95%인 교점 t_5의 9.7℃가 배기온도가 된다.

$$(22 - 9.7) \times 7500 \times 1.2/3600 \fallingdotseq 30.8 \text{ kW}$$

$$39 - 30.8 = 8.2 \text{ kW는 잠열분이다.}$$

이상과 같이 현열교환기는 고온측에 결로를 발생시키는 경우가 많으며 급배기측과도 현열만을 교환하는 것이 아님에 주의한다.

(2) 전열교환기의 결로와 동결

결로에 주의

포화선을 가로지르는 열교환상태일 때는 냉각코일과 마찬가지로 결로된다.

상기의 예와 같이 외기 온도가 낮을 때나 온수 풀장, 욕실 계통 등 배기의 습도가 높을 때에는 **그림 3.15**와 같이 공기선도 상에서 포화선을 가로질러 열교환 엘리먼트 표면에 결로가 발생한다. 결로수는 흡수제를 유출시키는 등의 지장을 초래하여 효율을 저하시킨다. 또 0℃ 이하의 온도에서는 동결되어 엘리먼트를 파손하는 경우도 있다. 이러한 때에는 포화선을 가로지르지 않는 점까지 OA를 예열할 필요가 있다.

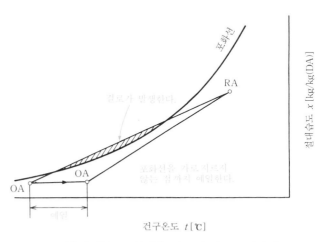

그림 3.15 포화선을 가로지르는 공기상태

(3) 중간기의 제어―외기 냉방시의 운전

봄이나 가을의 중간기에는 실내온도보다 낮은 외기를 도입하여 외기로 실내 발생 부하를 처리하는 외기 냉방 시스템이 합리적이지만, 전열교환기이기 때문에 외기 온도가 상승하고 외기 냉방효과가 저하된다. 이것을 제어하기 위해 로터의 회전을 저하시키거나 간헐 운전 또는 열교환 엘리먼트에 바이패스 통로를 설치할 필요가 있다.

원래 전열교환기는 외기부하를 저감하여 에너지 절약을 도모하는 것이 목적이므로 열회수가 불필요한 온도대에서는 전열교환기의 공기 저항분의 송풍기 동력이 손실된다.

연간 열회수량과 송풍기 동력을 정확하게 파악하는 최적 설계가 중요하다.

3·3 냉각탑(쿨링 타워)

옥외의 공기를 다량 사용하여 냉동기 등에서 발생한 온수를 직접 또는 간접적으로 냉각하는 장치로서, 냉각작용은 물과 공기의 온도차에 의한 열전달(현열)과 물의 증발(잠열)에 의해서 실행된다.

(1) 종류

송풍기를 이용한 기계 통풍식이 가장 일반적이다(**그림 3.16**). 특수한 것으로서 분무수 유인식(**이젝터**)이 있다[그림 3.16(c)].

이것은 고압의 분무수에 유인되는 공기를 도입하는 방식으로 송풍기가 없는 강제 통풍식 냉각탑으로 사용되고 있다.

냉각수의 흐름에 의한 분류에서는 ①개방형(냉각되는 물과 직접 대기를 접촉시키는)은 효율이 높아 가장 많이 사용되고 있다[그림 3.16(a)]. ②밀폐형(냉각되는 물이 관내를 흘러 관외로 살수되면서 간접적으로 냉각하는)은 배관계의 폐회로가 유지되므로 물의 오염이나 불순물의 농축이 없어 배관계의 신뢰성이 높다[그림 3.16(b)].

또 기류의 흐름에 의한 분류에서는 물과 공기가 마주하는 방향(카운터 플로)으로 접촉하는 대향류식, 직각으로 접촉하는 직교류식, 병행으로 접촉하는 병행류식이 있다.

▶ **열효율**

열효율이 높은 순으로 대향류식, 직교류식, 병행류식이다.

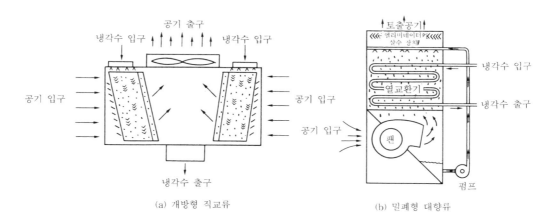

(a) 개방형 직교류   (b) 밀폐형 대향류

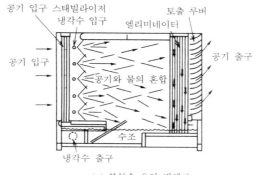

(c) 분무수 유인 병행류

그림 3.16 냉각탑

▶ **레인지와 어프로치**

레인지 = (냉각수 입구온도) - (냉각수 출구온도)

일반적으로 5~9℃로 정한다.

어프로치 = (냉각수 출구온도) - (공기 입구 습구온도)

일반적으로 5℃ 전후

▶ **히팅 타워**

냉각탑의 특수한 사용방법으로 히트펌프로서, 외기로부터 열(현열 및 잠열)을 취득하기 위해 이용한다.

냉각수와 같이 물의 온도를 내리는 것이 아니라 반대로 높이기 때문에 이렇게 부른다.

(2) 공기선도 상의 변화

기 호

t_1, t_2 : 냉각탑 입구, 출구의 건구온도 〔℃〕

t_1', t_2' : 냉각탑 입구, 출구의 습구온도 〔℃〕

x_1, x_2 : 냉각탑 입구, 출구의 절대습도 〔kg/kg(DA)〕

h_1, h_2 : 냉각탑 입구, 출구의 비엔탈피 〔kJ/kg(DA)〕

①점에서 냉각탑에 들어간 공기는 물에서 열을 빼앗아 일반적으로는 ②점의 포화공기 상태로 나온다. 그 경우의 열수지는

$$Q(h_2 - h_1)\rho/3600 = \{Q(t_2 - t_1)c_p\rho/3600\}$$

$$+ \{Q(x_2 - x_1)h_s\rho/3600\} \quad \cdots\cdots\cdots (3.14)$$

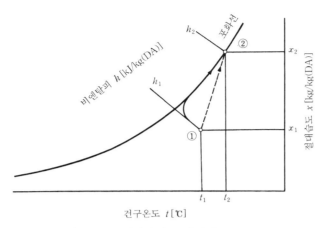

그림 3.17 냉각탑의 공기상태 ($t_2 > t_1$)

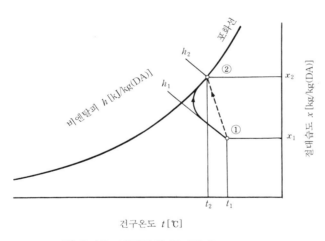

그림 3.18 냉각탑의 공기상태 ($t_2 < t_1$)

①점이 **그림 3.17**과 같이 $t_2 > t_1$ 인 경우는 현열에 의한 가열(물은 냉각)과 잠열에 의한 가습(물은 증발)에 의해 냉각된다. **그림 3.18**과 같이 ①점이 $t_2 < t_1$ 에서는 공기가 냉각상태가 되는데 잠열에 의해 물도 냉각된다.

Exercise 3·4

냉각능력 1800 kW인 냉각탑에서 아래 조건의 출구공기 온도와 증발수량을 구하라. 출구공기 온도는 포화선 상으로 한다.

조 건

외기 습구온도 : 27℃

냉각탑 풍량 : 170000 m³/h

입구수온 : 37℃

냉각수량 : 5200 m³/min

Answer

그림 3.19에 나타낸 공기선도에서 습구온도 27℃점의 $h_1 = 85$ kJ/kg(DA) 출구공기 온도는 포화선 상에 있기 때문에,

$$\Delta h = 1800/(170000 \times 1.1) \times 3600$$

$$\fallingdotseq 34.6$$

(이 식의 1.1은 ①점과 ②점의 평균 공기밀도 [kg/m³])

$85 + 34.6 = 119.6$ kJ/kg(DA) → 공기선도에서 이 점의 포화선 상의 온도는 33.6℃, 출구공기 온도 t_2는 33.6℃, 증발수량 Δx는

$$\Delta x = (1800 \times 3600)/2540 \fallingdotseq 2551 \text{kg/h}$$

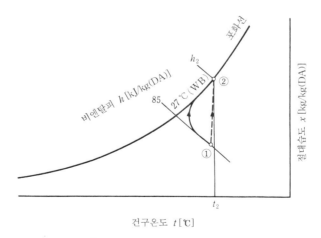

그림 3.19 *Exc. 3·4*의 공기상태

맑게 개인 하늘에 또렷하게 하얀 두 줄의 선, 비행기 구름의 정체는?

대기중의 온도가 낮은 곳을 날으는 비행기 엔진의 배기가스 속에 포함되어 있던 수증기가 차가운 공기에 냉각되어 응결한 것이다.

빌딩의 옥상에서 상승하는 냉각탑의 흰 연기도 포화상태의 배기가 저온의 외기에 냉각되어 배기 중의 수증기가 응축된 것으로서, 연기가 아닌 그저 수증기이다. 흔히 추운 날에 내뿜는 입김이 희다는 것을 통해 체험할 수 있다.

3·4 그 외의 열교환기

(1) 전기히터

가열능력 [kW]은 전기히터(전열용코일) 용량 [kW]과 동일하다. 간편한 가열원으로서 이용하기 쉽고 온열원이 없을 때에 재열용 등에 사용하는 경우도 많다.

히터 용량[kW]에서의 온도 상승값(Δt)은 풍량 Q[m³/h]로서

$$\Delta t = \text{kW} \times 3000 / Q$$

(2) 전자냉각기

다른 종류의 금속을 접합하여 직류 전류를 흐르게 하면 한 쪽의 접합면에서 발열하고 다른 쪽 면에서 흡열하는 원리(펠티에 효과)를 이용한 것이다. 프레온가스나 냉온수 열매체 없이 냉각할 수 있다. 냉각능력 100 W 정도인 것이 분석기, 광학기기, 의료기기 등 정밀기기의 국부 냉각기로 사용되고 있다.

(3) 자연대류 · 복사형 방열기 등

패널 히터, 라디에이터, 컨벡터, 베이스 보드 히터, 바닥 난방장치 등은 자연대류·복사형 난방기로서, 팬에 의한 강제 대류식으로는 팬 컨벡터, 유닛 히터가 있다. 또 가정용으로 석유 난로, 석유 팬 히터 등 난방기기로서 많은 것이 이용되고 있다. 냉방용에는 천장재나 벽면에 냉수 또는 냉풍이 통하도록 장치한 복사냉방이 있다.

▶ **실내 연소형 난방기**

석유 난로는 등유 속의 수소와 연소되는 산소가 결합하여 수분을 발생시키므로 가열과 가습이 동시에 일어난다. 다습하게 되거나 일산화탄소, 이산화탄소도 생기기 때문에 환기가 불가결하다.

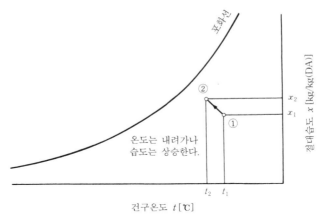

그림 3.20 냉풍 팬의 공기상태

▶ **냉풍 팬**

  냉방기와는 달리 습도가 상승하고 불쾌역이 되기 때문에 밀폐된 방에서는 사용할 수 없다.

(4) 냉풍 팬

  물에 적신 직포와 선풍기를 조합하여 직포의 수분 증발을 촉진하고 그 잠열을 이용, 온도를 내림으로써 냉풍감을 얻는 기기로서, 가습을 목적으로 사용되는 경우도 있다. **그림 3.20**과 같이 온도 t_1은 t_2까지 증발잠열에 의해 내려가지만 이 열량분만큼 절대습도가 x_1에서 x_2까지 상승하기 때문에 열의 출입은 ±0 이다. 온열감은 습도보다 온도에 의존하는 범위가 넓기 때문에 고온 저습인 곳에서는 온도 저하도 커지게 되므로 나름대로의 효과가 있다.

3·5 가 습 기

▶ **가습공간**

  물이나 증기가 공기와 충분히 융합되기 위한 공간으로, 가습효율에 영향을 준다.
  균등하게 혼합하는 것도 중요하다.

  적절한 습도는 환경에 있어서 중요한 요소이다. 저습도는 바이러스의 증식을 초래하거나 정전기를 일으켜 건강상에 문제를 일으키기도 한다. 공기중의 수분 부족을 보충하기 위해 용도와 목적별로 여러 가지 종류의 가습기가 사용된다.

(1) 가습기의 종류와 적용

  표 3.6 에 나타낸다.

(2) 가습기의 선정

가습방식이나 가습기는 용도나 사용 목적에 알맞게 선정하는 것이 중요하다. 초기비용과 운전비용, 나아가서는 제어성이나 가습효율, 포화효율, 사용수의 조건이나 전력 사정 그리고 설치 스페이스 등이 중요한 요소가 된다.

기 호

t_1 : 가습 입구공기 온도 〔℃〕

t_2 : 가습 출구공기 온도 〔℃〕

t_3 : 포화공기 온도　　　〔℃〕

x_1 : 가습 입구공기의 절대습도〔kg/kg(DA)〕

x_2 : 가습 출구공기의 절대습도〔kg/kg(DA)〕

x_3 : 포화공기의 절대습도　　〔kg/kg(DA)〕

G : 공기량　　〔kg/h〕

L : 분무수량 〔kg/h〕

Δx : 가습률　〔kg/h〕

η_m : 포화효율　〔%〕

η_w : 가습효율　〔%〕

표 3.6　가습기의 종류와 응용

	종 류	가 습 방 법	공기선도(열수분비)	특　징
증기식	직접 분무 (증기관 스프레이)	보일러에서의 증기를 관의 작은 구멍으로부터 추출	$u = 2\,680$ (증기온도 100℃)	증기가습의 일반적인 것. 스프레이관의 종류는 많다.
	간접 분무	증기-물을 열교환하여 2차 발생 증기를 추출		보일러의 물처리재를 포함하지 않는 클린 가습. 용도-병원 등
	전극식	수중에 전극을 넣어 줄열로서 증기를 발생시킨다.		개별적으로 클린 가습을 할 수 있다. 1 kg의 증기를 얻는 데에 약 760 W의 전력이 필요. 전극의 교환이나 수조의 스케일 퇴적 방지에 연수기가 필요
	전열식 (팬형)	전열 히터를 수중에 넣고 가열하여 증기를 발생시킨다.		
	적외선식	수면상에서 적외선 램프를 비추어 수면 증발을 일으킨다.	$u = 3\,600$	수질을 불문하고 클린 가습을 할 수 있다. 과열 증기로 재응축의 염려가 없으며 제어성도 좋다. 1kg의 증기를 얻는 데에 약 1kW의 전력이 필요

(앞 페이지 표에서 연결)

종 류		가 습 방 법	공기선도(열수분비)	특 징
물 분 무 식	노즐 분무식	0.2~0.7 MPa의 압력으로 노즐에 의해 미세한 물방울을 분무한다.		가습효율 30~40%, 가습 스페이스와 일리미네이터가 필요. 소비 전력은 가장 작다.
	초음파식	수중의 초음파 진동자에 의해 물을 기화시킨다.	$u=0$	수중의 불순물 혼입이 가장 많다. 저온 가습의 사용 불가로 실내의 직접 분무에 사용하기 쉽다.
	원심식	원반의 회전에 의한 원심력으로 서리 상태로 하여 미세한 물방울을 분무한다.		불순물의 혼입이 많다. 소비 전력, 수량이 모두 적다. 공장 등의 실내 직접 분무의 사용이 많다.
	압축공기 분무식 (2유체 분무식)	물과 압축공기를 동시에 분출하여 초미립 물방울을 분무한다.		대용량 가습용으로, 장치가 대규모적이고 가습 스페이스가 필요
기 화 식	적하식 (기화식)	상부로부터 적하수로 가습재를 적시고 자연 증발에 의해 가습한다.		자연 증발식이라고도 한다. 클린 가습, 재응축의 염려는 없다. 가습효율은 낮다.
	투습막식	물은 통과시키지 않고 증기를 통과시키는 투습재의 막 표면에서 가습한다.	$u=0$	소용량용으로, 물의 사용량은 적다. 투과막의 막힘에 주의
	회전식	가습재를 물에 닿게 하고 회전시켜 회전판의 증발에 의해 가습한다.		소용량용 클린 가습으로서, 운전비는 싸다.

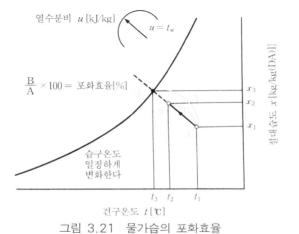

그림 3.21 물가습의 포화효율

(3) 물분무식과 기화식 가습의 상태 변화

일반적인 물가습에서는 공기량에 대한 분무 또는 살수수량(L/G)이 극히 작고 또 상온인 물의 현열은 잠열에 비해 작기 때문에 **단열변화**로서 취급한다. 따라서 상태 변화는 수온이 다소 바뀔지라도 습구온도 일정의 선상 변화로 한다.

그림 3.21의 ①점에서 가습하는 경우, 실제로 가습되는 범위는 ②점까지이고, ③점에는 도달하지 않는다. ①-③에 대해서 실제로 가습되는 비율 ①-②를 **포화효율** η_m라 한다.

$$\eta_m = (x_2 - x_1)/(x_3 - x_1) \times 100 \quad \cdots\cdots\cdots\cdots\cdots (3.15)$$

$$= (t_2 - t_1)/(t_3 - t_1) \times 100 \ [\%] \quad \cdots\cdots\cdots\cdots (3.16)$$

포화효율은 분무수와 공기의 접촉시간이나 가습기의 종류에 따라 달라진다. 노즐 분무식은 30~50 %, 적하식으로는 가습재의 선택에 따라 40~85 % 정도이다. 분무 또는 살수수량에 대한 가습량의 비율을 **가습효율** η_w라 한다.

$$\eta_w = (\Delta x/L) \times 100 \ [\%] \quad \cdots\cdots\cdots\cdots\cdots\cdots (3.17)$$

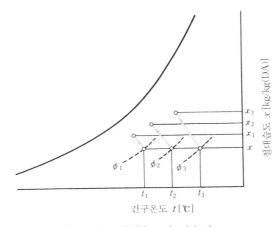

그림 3.22 상대습도와 가습량

η_w는 입구공기의 상대습도와 L/G에 의해 변화하고 각각 낮을수록 가습효율은 올라간다. **그림** 3.22와 같이 물분무식이나 기화식 가습은 증발에 의해 가습이 이루어지므로 상대습도가 낮을수록 증발이 촉진되어 가습량은 증가($x_3 - x$)하고 높은 상대습도역에서는 저하한다($x_1 - x$).

L/G

공기량(kg/h)에 대한 분무수량(kg/h).

가습 목적의 L/G는 0.005~0.02 정도로, 매우 작기 때문에 수온은 영향을 주지 않는다. $u = 0$으로 한다.

가습효율과 포화효율

가습효율
$\eta_w = (\Delta x/L) \times 100 \ [\%]$
포화효율
$\eta_m = (x_2 - x_1)/(x_3 - x_1)$
$\times 100 \ [\%]$

이것을 가습량의 자기조정 작용(**셀프컨트롤**)이라 한다. 단, 상대습도가 높아지면 가습효율이 저하되기 때문에 분무량 제어를 하지 않는 한 배출수가 증가하므로 비경제적이다.

Exercise 3·5

증발냉각

냉각열량과 가습열량이 균형을 이루고 열수지가 0일 때를 말한다.

풍량 $15000\,\mathrm{m}^3/\mathrm{h}$, 온도 $35\,\mathrm{℃}$, 절대습도 $0.007\,\mathrm{kg/kg(DA)}$의 공기를 절대습도 $0.010\,\mathrm{kg/kg(DA)}$로 물분무 가습을 행하는 경우의 출구공기 온도를 구하여라. 또 그 점에서의 포화효율과 분무수량, 물공기비를 구하여라(가습효율 $30\,\%$, $u=0$, $\rho=1.2\,\mathrm{kg/m}^3$로 한다).

Answer

그림 3.23에서

① $t_1=35\,\mathrm{℃}$, $x_1=0.007$인 점에서 $u=0$ 인 선상의 $x_2=0.010$과의 교점을 구한다.

$$t_2=27.5\,\mathrm{℃}$$

② 포화효율 : 포화선 상의 $x_3=0.0136$ 이므로

$$\eta_m=(0.010-0.007)/(0.0136-0.007)\times100 \fallingdotseq 45.5\%$$

③ 분무수량 : $L=15000\times1.2\times(0.01-0.007)/0.3=180\,\mathrm{kg/h}$

④ **물공기비** : $L/G=180/(15000\times1.2)=0.01$

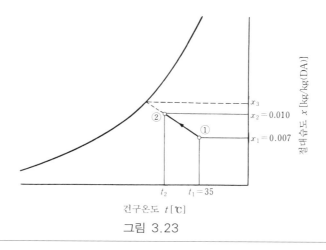

그림 3.23

2단 가습

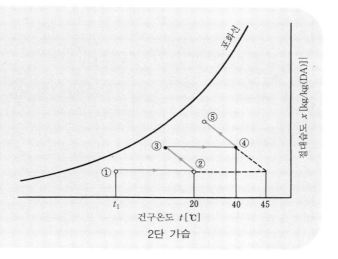

오른쪽 그림에서 물가습으로 ①점에서 ⑤점까지 가습할 경우에는 ①점을 45℃까지 가열할 필요가 있지만 열원온도 관계로 40℃까지밖에 가열할 수 없을 때에 일단 20℃ 정도까지 1차적으로 가열(②점), 가습하여 ③점을 얻은 다음 40℃까지 2차 가열, 가습하여 ⑤점을 얻는 2단 가습방법이 있다.

2단 가습

(4) 증기식 가습의 상태 변화

증기가습의 상태 변화는 증기온도를 t_s [℃]로 할 때, **열수분비** u [kJ/kg]는

$$u = 2501 + 1.805\,t_s \quad\cdots\cdots\cdots\cdots\cdots\cdots\cdots (3.18)$$

일반 공조에 이용하는 증기온도는 약 100℃이므로 $u ≒ 2680$ kJ/kg의 선상 변화가 된다.

증기에 의한 공기온도의 상승 $\varDelta t$ [℃]는 식 (2.16)에서

$$\varDelta t = 1.8\,(t_s - t_1)(x_2 - x_1) \quad\cdots\cdots\cdots\cdots\cdots\cdots (3.19)$$

일반 공조조건에서는 1℃ 정도이기 때문에 실용상 무시하고 온도 일정의 선상 변화로 취급하는 경우도 있다.

▶ **재증발 거리**

　분출 직후의 증기는 공기에 냉각되어 서리상태가 된다. 이 서리상태의 물방울이 증발할 때까지의 거리를 말한다.

증기가습의 열수분비
$$u = 2501 + 1.805\,t_s$$

Exercise 3·6

증기온도 130℃의 증기가습으로 $t_1 = 35$ ℃, $x_1 = 0.006$ kg/kg(DA)에서, $x_2 = 0.015$ kg/kg(DA)까지 가습하는 경우의 t_2 [℃]와 u [kJ/ kg]를 구하라.

Answer

그림 3.24 에서

$$\varDelta t = 1.8(130 - 35)(0.015 - 0.006) ≒ 1.5$$
$$t_2 = 35 + 1.5 = 36.5\,℃$$

$$u = 2501 + 1.805 \times 130 \fallingdotseq 2735 \text{ kJ/kg}$$

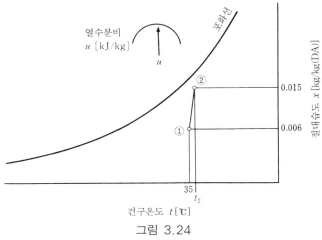

그림 3.24

가습이 저조하다

외기 냉방시 등 실온보다 낮은 온도에서 가습을 할 때 절대습도의 상승은 포화효율점까지만 얻을 수 있기 때문에 가습상태의 온도가 낮을수록 가습량은 저하된다. 실내 설정 습도보다 포화효율이 낮은 상태에서 분무량은 충분할지라도 설정습도에 도달하지 못하고 습도가 내려간다. 이러한 상태를 가습이 저조하다고 한다.

실온이 과대하게 높아짐에 따라 상대습도의 저하도 자주 일어나지만 이러한 경우, 절대습도가 설정값을 충족시키고 있다면 가습기나 가습상태의 문제라기보다는 적절한 실온으로 하면 상대습도는 회복된다.

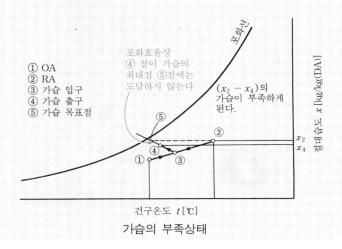

가습의 부족상태

3·6 감습기

　공기중의 수분을 제거하여 습도를 내리는 기기로서, 제습기라고도 한다. 일반 공조용에는 여름철 냉각감습기로서는 전술한 냉각코일이 사용된다. 산업용으로는 노점온도 $-50℃$의 극저온, 저습도의 것도 요구되고 있다.

(1) 냉각감습장치

1) 냉각코일 : 전술한 냉각코일을 참조
2) 전기식 제습기 : 냉동 사이클이 구성되어 쉽게 감습공기를 얻을 수 있어 저장고나 창고 등에서 사용된다. 압축열＋송풍기에 의해 온도가 상승한다. **그림 3.25**의 (a)에 전기식 제습기를, (b)에 공기상태를 나타낸다.

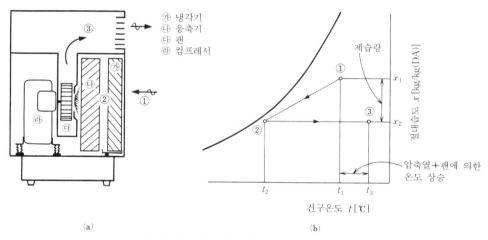

그림 3.25　전기식 제습기와 공기상태

(2) 흡수감습장치

1) 습식(스프레이) 방식 : 수분을 흡수하는 성질을 가지는 염화리튬 용액 등을 스프레이하고 공기와 접촉시켜 공기중의 수분을 흡수하여 감습한다. 수증기가 액상으로 변하기 위한 응축잠열과 흡수열에 의한 온도 상승이 있다.
2) 건식(로터 회전형) 방식 : 허니콤형 로터에 흡수제를 함침시켜 로터의 회전으로 공기중의 수분을 흡수하는 장치

▶ **흡수감습법**
　노점온도가 5℃ 이하의 저온이거나 현열비가 0.6 이하일 때 또한 실온이 30℃ 이상에서 저습도일 때 등은 흡수감습법이 냉각감습법보다 유리하다.

흡수감습
　식품공장에서 흡수제의 살균작용을 목적으로 사용되기도 한다.

흡수, 흡착감습

흡수, 흡착열과 응축 열을 냉각하기 위해 공기냉각기가 필요하다.

(3) 흡착감습장치

고체흡착제를 이용하여 공기중의 수분을 흡수한다. 원리적으로는 흡수 감습장치와 동일하다(전항 참조).

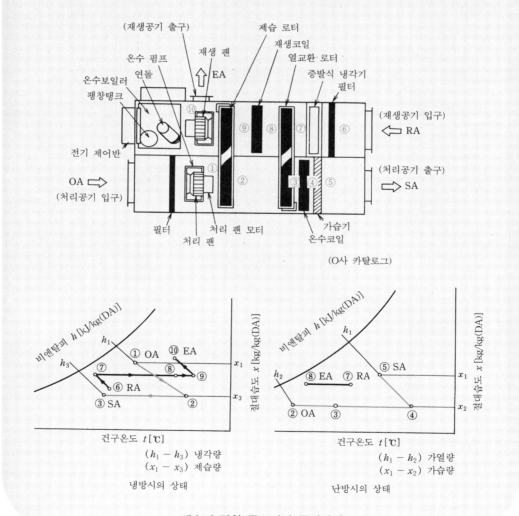

제습기 장착 공조기

제습작용에 중점을 둔 공조기로서, 특성상 외기 처리기나 냉동식품 매장의 결로 착상을 방지하기 위해 저습도가 요구되는 슈퍼마켓 등에 적합하다. 또 냉방시에 잠열과 현열을 분리하여 처리하기 때문에 냉각코일 방식의 저부하시에 볼 수 있는 습도가 진척되지 않는다는 이점이 있다. 주로 잠열처리를 하여 현열(온도)에 관해서는 현열교환기와 가열코일을 병용한다.

(O사 카탈로그)

$(h_1 - h_3)$ 냉각량
$(x_1 - x_3)$ 제습량

냉방시의 상태

$(h_1 - h_2)$ 가열량
$(x_1 - x_2)$ 가습량

난방시의 상태

제습기 장착 공조기와 공기상태

(4) 압축감습장치

공기압력을 높여 온도를 내리고 공기중의 수분을 응축시켜 감습한다.

Exercise 3·7

넓이 200 m², 천장 높이 3 m인 제품 창고 내의 습도를 40 % 이하로 유지하는 경우의 제습량을 구하라.

조건

외기 온도 : 30℃   습도 : 60 %   환기 횟수 : 1회/h
실내 온도는 외기 온도 +2℃로 한다.

Answer

그림 3.26에 나타낸 공기선도에서 비체적과 절대습도차를 구한다.

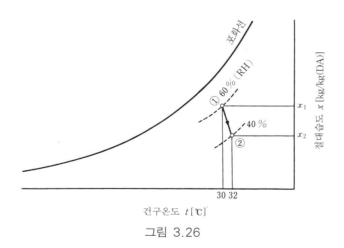

그림 3.26

실 체 적 : $200 \, m^2 \times 3 \, m = 600 \, m^3$
비 체 적 : $0.88 \, m^3/kg(DA)$
절대습도차 : $0.016 - 0.012 = 0.004 \, kg/kg(DA)$
환 기 풍 량 : $(600 \times 1회/h)/0.88 ≒ 682 \, kg/h$
제 습 량 : $682 \times 0.004 ≒ 2.8 \, kg/h$

세탁물은 겨울보다 여름에 빨리 마른다

바람이 없을 때 물건의 건조속도는 수증기 분압의 차로 결정된다.

	젖어있는 세탁물			공기의 상태			수증기 분압차
	온도	습도	수증기분압	온도	습도	수증기분압	
여름	30℃	100%	4.25 kPa	30℃	50%	2.15 kPa	4.25-2.15=2.1 kPa
겨울	5℃	100%	0.9 kPa	5℃	30%	0.25 kPa	0.9-0.25=0.65 kPa

온습도의 상태를 위와 같이 가정했을 때 2.1/0.65≒3으로 되어, 건조 조건상 여름이 3배나 빠르다. 바람이 있어 빨리 마른다는 것은 세탁물 주변의 습공기가 건조한 공기와 서로 신속하게 교체되기 때문이다.

3·7 공기조화기

공기조화기는 냉동기를 구비한 패키지형 공조기와 냉온수를 사용하는 에어핸들링 유닛으로 대별된다. 일반적으로 냉동기를 부착한 패키지 또는 에어컨디셔너, 냉온수형을 에어핸들링 유닛 또는 단순히 공조기(공기조화기)라 부르는 경우가 많다. 어느 것이나 매우 많은 형태, 형식을 가지는 소형에서 대형기까지 다양한 기종이 있다. 에어핸들링 유닛은 송풍기, 공기냉각탑, 가열기, 가습장치, 공기청정기나 방진장치를 구비하고 복합형에서는 환기송풍기, 전열교환기, 각종 댐퍼 등도 일체화되어 단열 케이싱에 수납되어 있다. 이들 구성품은 각각 사용 용도, 목적에 따른 설계가 이루어지고 있기 때문에 주문적인 요소가 강하다. 한편, 패키지형은 일반적으로 메이커 카탈로그 내에서 기종을 선정한다.

▶ **외조기**

외기부하만을 처리할 목적인 공기조화기로서, 부하 변동이 심한 외기를 단독으로 처리함으로써 제어의 안정을 도모하기 쉽다.

공기선도에 변화를 부여하는 것은 공기의 혼합, 냉각과 감습, 가열과 가습으로서, 에어핸들링 유닛이나 에어컨디셔너도 동일하다.

(1) 에어핸들링 유닛

능력의 표시는 일반적으로 풍량으로 제시되어 2000~100000 m^3/h 정도까지, 설치장소, 용도 등에 의해 **표 3.7**과 같이 분류된다.

표 3.7 에어핸들링 유닛의 분류

형상	설치 장소	용도	종류	기능	복합형
수평형 수직형 현수형 콤팩트형	상치형 천장 현수형 옥외형 벽걸이형	외기 처리용 컴퓨터실용 클린 룸용 저온용	단일 덕트용 이중 덕트용 멀티존용 2 계통용	저소음형 VAV용 항온 항습용	환기 팬 일체형 전열교환기 일체형 자동제어 장착형 냉동기 장착형

각종 공조기의 구성과 공기선도 상의 동향을 **표 3.8, 3.9** 에 나타낸다.

a. 송풍기(팬)

다익 송풍기(시로코 팬) 또는 리밋로드 팬이 일반적으로 이용된다. 자유로운 위치에서 공기가 취출되는 플러그형 팬도 사용되고 있다. 풍량과 정압의 조정용이나 가변풍량방식에 인버터, 스크롤 댐퍼, 흡입 베인, 토출 댐퍼를 구비하는 경우가 많다. 팬 동력을 저하시키기 위해서는 공조기 내에서 소비되는 기내 정압을 가급적 낮게 하는 것도 중요하다.

송풍기에 의한 공기온도의 상승에 주의해야 한다. 즉, 송풍기 날개차와 공기와의 마찰열에 의한 발열 때문에 공기온도가 상승한다. 전동기가 케이싱 외부에 설치되는 경우는 **송풍기의 발열**분만의 온도 상승이다. 케이싱에 내장될 때는 전동기의 발열분도 추가해야 한다. 상승 온도는 송풍기 동력부하에서 구한다.

$$W_F = Q \cdot SP / (60 \times 1000 \cdot \eta_F \cdot \eta_M) \qquad \cdots\cdots\cdots (3.20)$$

여기서, W_F : **송풍기 동력부하**[kW]

Q : 풍량[m³/min]

SP : 송풍기 정압[Pa]

η_F : 송풍기 정압효율[%]

η_M : 전동기 효율[%]

(전동기가 기외 설치일 때 $\eta_M = 1$)

송풍기에 의한 온도 상승값(Δt_a)[℃]

$$\Delta t_a = W_F / (1.2\, Q/60) \qquad \cdots\cdots\cdots\cdots (3.21)$$

공기선도에서는 송풍기에 의한 온도 상승을 생략하는 경우가 많지만 고정압에서는 2℃ 이상이나 상승하기 때문에 주의해야 한다.

▶ **축류 · 관류송풍기**

패키지 에어컨디셔너의 옥외기나 냉각탑에는 축류송풍기(프로펠러 팬)가 많이 이용된다.

관류송풍기(크로스플로 팬)는 가정용 쿨러인 실내기에 많다.

▶ **송풍기의 비례법칙**

$Q_2 / Q_1 = N_2 / N_1$

$P_2 / P_1 = (N_2 / N_1)^2$

$W_2 / W_1 = (N_2 / N_1)^3$

Q : 풍량

P : 전압

W : 축동력

N : 회전수

N_2 / N_1 이 0.8~1.2 정도의 범위에서 근사적으로 성립한다.

▶ **공기동력과 축동력**

공기동력[kW] = 풍량[m³/min] × 송풍기 전압[Pa](60 × 1000)으로 나타내며, 축동력[kW]은 공기동력/송풍기 효율이다.

송풍기 동력부하

$W_F = Q \cdot SP / (60 \times 1000 \cdot \eta_F \cdot \eta_M)$

송풍기에 의한 온도 상승

$\Delta t_a = W_F / (1.2\, Q/60)$

표 3.8 에어핸들링 유닛/코일과 가습기의 구성과 공기선도

공조기 개념도	코일의 용도	가습기 종류	냉각시	가열·가습시
	·냉각 가열 겸용	·증기식 ·전극식 ·팬형		
	·냉각 가열 겸용	·물 스프레이 ·기화식 ·초음파식 ·원심식		
	·냉각 전용 ·가열 전용	·증기식 ·전극식 ·팬형		
	·예열 ·냉각 가열 겸용	·물 스프레이 ·기화식 ·초음파식 ·원심식		
	·예열 ·냉각 전용 ·가열 재열 겸용	·증기식 ·전극식 ·팬형		
	·냉각 가열 겸용 ·바이패스 댐퍼부착	·물 스프레이 ·기화식 ·초음파식 ·원심식		

C : 냉각코일   H : 가열코일

C/H : 냉각 가열 겸용코일   RH : 재열코일

PH : 예열코일   H/RH : 가열 재열 겸용코일

BP : 바이패스 댐퍼

표 3.9 에어핸들링 유닛/환기 팬·전열교환 장착 구성과 공기선도

공조기 개념도	코일의 용도 팬 구성 등	가습기 종류	냉각시	가열·가습시
	·냉각 가열 겸용 ·환기 팬 장착	·물 스프레이 ·기화식 ·초음파식 ·원심식		
	·냉각 가열 겸용 ·배기 팬 장착	·증기식 ·전극식 ·팬형		
	·냉각 가열 겸용 ·환기 팬 장착 ·전열교환기 장착	·물 스프레이 ·기화식 ·초음파식 ·원심식		
	·냉각 가열 겸용 ·예열 ·배기 팬 장착 ·전열교환기 장착	·증기식 ·전극식 ·팬형		
	·냉각 가열 겸용 ·환기 팬 장착 ·전열교환기 장착 바이패스 댐퍼 부착	·물 스프레이 ·기화식 ·초음파식 ·원심식		
	·바이패스식 멀티존형 ·냉각 가열 겸용	·증기식 ·전극식 ·팬형		

SF : 급기 팬 EF : 배기 팬
RF : 환기 팬 HX : 전열교환기
C/H : 냉각 가열 겸용코일 PH : 예열코일

Exercise 3·8

에어핸들링 유닛에서 송풍량 $30000 \, \text{m}^3/\text{h}$, 정압 $900 \, \text{Pa}$인 송풍기의 온도 상승값을 모터 기내 설치와 기외 설치의 각각에 대하여 구하여라. 팬 정압효율은 $55 \, \%$, 모터효율은 $90 \, \%$로 한다.

Answer

기내 설치 $W_{F1} = (30000/60) \times 900/(60 \times 1000 \times 0.55 \times 0.9) \fallingdotseq 15.2 \, \text{kW}$

기외 설치 $W_{F2} = (30000/60) \times 900/(60 \times 1000 \times 0.55) \fallingdotseq 13.6 \, \text{kW}$

기내 설치 $\Delta t_1 = 15.2/\{1.2 \times 30000/(60 \times 60)\} = 1.52 \, ℃$

기외 설치 $\Delta t_2 = 13.6/\{1.2 \times 30000/(60 \times 60)\} = 1.36 \, ℃$

b. 공기청정기(에어필터)

에어필터는 공기선도에 영향을 주는 것은 아니지만 공기조화기의 중요한 구성요소이다. 먼지 제거용 이외에도 용도에 따라 냄새나 유해 가스를 제거하는 필터도 병용하여 이용된다.

그림 3.27 에 전열교환기, 환기 팬 장착형 에어핸들링 유닛의 단면도를 나타낸다.

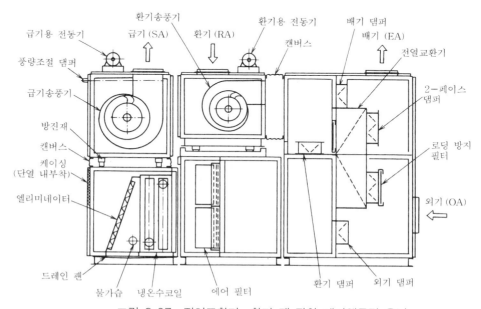

그림 3.27 전열교환기·환기 팬 장착 에어핸들링 유닛

Exercise 3·9

그림 3.28의 에어핸들링 유닛에서 공기의 움직임을 공기선도에 나타내고 송풍온도 및 냉각능력, 가열능력을 구하라.

조건

송풍량 : SA 25000 m³/h

외기량 : OA 7500 m³/h   여름 ─ 34℃(DB), 60%(RH)

겨울 ─ 1.0℃(DB), 50%(RH)

환기량 : RA 17500 m³/h   여름 ─ 26℃(DB), 50%(RH)

겨울 ─ 22℃(DB), 45%(RH)

정압   : 900 Pa   가습량 ─ 50 kg/h(물분무식)

팬 효율 : 50 %   모터 효율 : 90%

코일 출구공기 온도 : ─14℃(DB), 95%(RH) [겨울은 35℃(DB)]

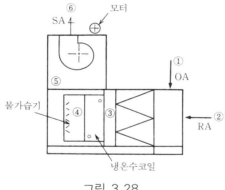

그림 3.28

Answer

그림 3.29 (a), (b)

여름철 : 조건에서 ①과 ②점을 결정하고 코일 입구온도 ③점은

$$t_3 = 34 - (34 - 26) \times 17500/25000 = 28.4\ ℃$$

$$h_3 = 65\ kJ/kg(DA) \quad h_4 = 38\ kJ/kg(DA)\ 를\ 구한다.$$

냉각 능력 q_c 는

$$q_c = 25000 \times (65 - 38) \times 1.2/3600 = 225\ kW$$

▶ **저온 송풍 시스템**

일반보다 실온과 취출온도의 차이를 높여 송풍량을 감소시키고 송풍동력의 절약과 공조기나 덕트의 축소화를 도모하는 공조방식이다.

취출구의 결로와 냉풍 드래프트에 주의해야 한다. 제습량이 증가하여 저습도가 되기 쉬우며 그 만큼의 외기부하가 증가한다.

팬의 온도 상승 $\varDelta t$ 는 모터 기외 설치이므로

$$W_F = 25000/60 \times 900/(60 \times 1000 \times 0.5) \fallingdotseq 12.5 \text{ kW}$$

$$\varDelta t = 12.5/1.2 \times \{ 25000/(60 \times 60)\} \fallingdotseq 1.5 \text{℃}$$

송풍온도 ⑥점은 $14 + 1.5 = 15.5$℃

겨울철 : ③점은 $t_3 = 22 - (22 - 1) \times 7500/25000 = 15.7$ ℃

조건의 35℃까지 가열시켜 ④점을 구한다. 가열능력은

$$q_h = 25000 \times (35 - 15.7) \times 1.2/3600 \fallingdotseq 161 \text{ kW}$$

가습 후의 ⑤점은

$$x_5 = 50/(25000 \times 1.2) + 0.0058 \fallingdotseq 0.0075 \text{ kg/kg(DA)}$$

④에서 습구온도 일정과 $x_5 = 0.0075$의 교점 30.6℃를 구한다.

송풍온도 ⑥점은 $30.6 + 1.5 = 32.1$ ℃

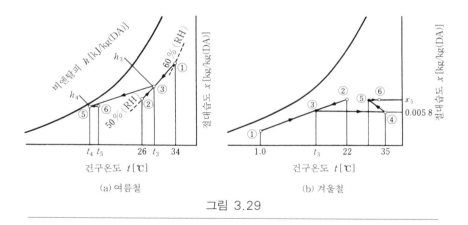

(a) 여름철   (b) 겨울철

그림 3.29

Exercise 3·10

그림 3.30과 같이 환기의 코일 바이패스를 가지는 에어핸들링 유닛에 있어서 각 상태점을 공기선도 상에 나타내고 1)~7)의 설문에 답하여라. 팬의 발열은 고려하지 않는 것으로 하고 공기의 밀도를 1.2 kg/m^3, 공기의 비열을 $1.0 \text{ kJ/(kg} \cdot \text{℃)}$로 한다.

1) 외기부하 q_0를 구하는 계산식을 제시하여라.

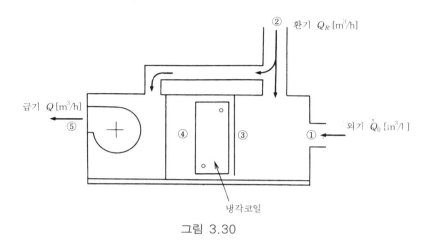

그림 3.30

2) 급기풍량에 대한 코일 바이패스 풍량비 R을 구하는 계산식을 제시하여라.

3) 냉각코일의 냉각열량 q_c를 나타내는 계산식을 제시하여라.

4) 실내부하 q_R을 나타내는 계산식을 제시하여라.

5) 실내 현열부하 q_s를 나타내는 계산식을 제시하여라.

6) 제습량 $\varDelta x$ 를 구하는 계산식을 제시하여라.

7) 실내 현열비(SHF)를 나타내는 상태선은 ○−○인지, 번호로 제시하여라.

Answer

 그림 3.31에서

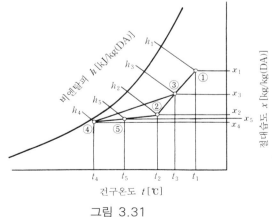

그림 3.31

1) $q_0 = 1.2Q\,(h_3 - h_2)/3600\,[\text{kW}]$

또는 $1.2\,Q_0(h_1-h_2)/3600\,[\text{kW}]$ ·······················(3.22)

2) $R=(t_5-t_4)/(t_2-t_4)$ 또는 $(h_5-h_4)/(h_2-h_4)$ ···············(3.23)

3) $q_c=1.2Q(h_3-h_4)\times(1-R)/3600\,[\text{kW}]$ ······················(3.24)

4) $q_R=1.2Q(h_2-h_5)/3600\,[\text{kW}]$ ·······················(3.25)

5) $q_s=1.2Q(t_2-t_5)\times1.0/3600\,[\text{kW}]$ ·······················(3.26)

6) $\varDelta x=1.2Q(x_3-x_4)(1-R)\,[\text{kg/h}]$ ·······················(3.27)

7) ②－⑤ 또는 ②－④

이중덕트 공조시스템

온도, 습도, 공기청정도의 유지 성능이 높고 또한 냉난방 동시 운전이나 개별 제어가 되는 고급 공조방식이다. 송풍점 ⑨는 ⑦－⑧ 사이의 임의의 점으로 구할 수 있다. 단점으로는 **재열손실**에 해당하는 **혼합손실**이 발생한다는 점과 설비비용이 고가라는 점이다. 혼합손실을 피하기 위해 제어 폭에 제한을 받게 되는데, 한 쪽의 덕트를 ⑤의 바이패스 공기로 하는 방법도 이용되고 있다.

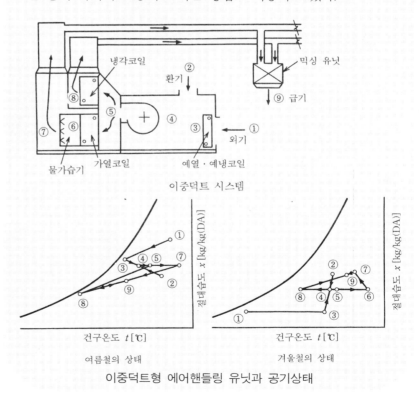

이중덕트형 에어핸들링 유닛과 공기상태

(2) 에어와셔

분무 노즐에서 다량의 물방울($L/G = 0.5 \sim 2.0$)을 분무하고 공기와 직접적으로 접촉시켜 열교환과 수분 이동을 하는 것으로서, 냉각, 감습시에는 냉수를 분무하고 가열, 가습시에는 온수를 분무한다. 분무수량, 수온을 조정함으로써 다양한 공기상태를 얻을 수 있다. 장치의 대형화나 수질관리의 필요성 등에 의해 최근에는 사용이 줄어들고 있지만 공기중의 먼지나 가스의 제거효과를 이용하기 위해 클린 룸 계통 등에 사용되고 있다. 또 증발냉각 기능은 중간기의 냉각과 저습도의 해소에 있어서도 효과적이며 에너지 절약 기기로서도 이용 가치가 있다.

에어와셔는 다기능

수온에 따라 냉각, 감습, 가열, 가습과 단열변화가 가능하다.

(3) 팬코일 유닛

팬코일 유닛(FCU)은 냉온수코일과 팬모터 및 에어필터와 운전 스위치를 갖춘 것으로서, 설치 장소에 따라 상치(床置)형과 천장 현수형으로 대별된다. 또 가습기를 설치한 것이라든가 에어 필터의 포집 효율을 높인 것, 더욱이 병원용 등으로는 냄새제거, 살균장치를 시설한 것까지 시판되고 있다. 용도는 다양하여 사무실 빌딩의 외주부 처리용, 병원, 호텔, 학교 등에서는 개별 제어의 용이함으로, 널리 채택되고 있다. 또 슈퍼마켓 등 대형 점포에는 대용량 카세트 타입이 사용되는 경우도 많다. 성능 제어방법으로는 다음과 같은 3종류가 있다. **표 3.10**에 풍량비에서 능력 변화의 한 예를 들었다(경향을 나타내는 참고값).

▶ 팬코일 유닛의 용량

풍량
　$300 \sim 2000 \ \mathrm{m^3/h}$
열량　$1.5 \sim 10 \ \mathrm{kW}$
대형기의 경우, 풍량
　$1200 \sim 5000 \ \mathrm{m^3/h}$
열량　$6 \sim 25 \ \mathrm{kW}$

팬코일 유닛의 풍량 변화

소풍량일수록 취출온도가 저하된다. 제습성능은 그다지 변화되지 않는다.

표 3.10 팬코일 유닛의 냉각능력 변화의 한 예
(입구수온 6℃, 강풍량의 전열을 100으로 했을 경우의 냉각능력 비율)

풍량 노치	풍량비 [%]	입 구 수 온											
		5℃			6℃			7℃			8℃		
		전열	현열	잠열	전열	현열	잠열	전열	현열	잠열	전열	현열	잠열
강	100	108	83	25	100	80	20	92	77	15	85	74	11
중	75	94	68	26	87	65	22	81	62	19	74	60	14
약	50	75	50	25	69	48	21	65	46	19	60	44	16

조건 : 입구공기 온도 26℃(DB)/18.7℃(WB), 수량 일정

1) 수측제어 : 냉온수를 2방향 밸브 또는 3방향 밸브로 ON/OFF 제어하는 것이 일반적이다.
2) 풍측제어 : 팬모터의 회전수를 변화시켜 풍량을 가변한다. 수동식이 일

반적이지만 서모스탯에 의한 자동식도 이용된다.

3) 바이패스제어 : 냉온풍과 코일 바이패스 공기를 혼합하여 제어한다. 비례 제어가 가능하여 저부하시에도 제습능력이 저하되지 않는 특징을 가진다.

(4) 패키지형 공기조화기

▶ **가스 히트펌프**

실외기의 컴프레서를 전력이 아니라 가스 엔진으로 구동하고 히트펌프 운전에 의해서 냉난방을 하는 시스템이다.

냉각, 가열시 냉동기의 증발기, 응축기를 이용하여 냉매를 직접적인 열 매체로 이용하는 것으로, 압축기, 열원측 열교환기, 자동제어기기를 구비하고 있으며 냉난방 겸용형의 냉동 사이클 전환의 공기열원 히트펌프형이 주류를 이루고 있다. 설치 장소, 용도 등에 따라 **표 3.11**과 같이 분류된다. 특수한 예로는 건물의 상부에 냉방용 응축기를 설치하고 하부에 난방용 증발기를 설치하여 압축기나 펌프를 이용하지 않고 냉매 비중량의 차만으로 냉매를 자연순환시키는 시스템도 사용되고 있다. 설계나 시공이 용이하고 저렴하며 개별 운전이나 부분 운전이 가능하고 운전관리가 용이하기 때문에 모든 건물에서 많이 사용되고 있다. 한편, 최대 부하에서 기종 선정을 하기 때문에 동시 부하율을 고려할 수 없어 중앙 열원에 비해 열원용량과 수전설비는 과대하게 된다. 규격품이기 때문에 취출온도, 현열비의 설정 그리고 가습기, 공기청정기의 선택에 있어서도 에어 핸들링 유닛에 비해 제한을 받는다.

표 3.11 패키지형 공조기의 분류

기 능	용 도	형 상	동 력 원	설 치 장 소
냉각 전용형 히트펌프형 공기열원 수열원	전 외기용	일체형	전기, 압축기	상치형
	저온용	세퍼레이트형	가스, 엔진	천장 현수형
	전산실용	리모트콘덴서형	자연 순환식	벽걸이형
	스폿용	멀티형		천장 카세트형
		벽 관통형		루프톱형

프레온가스와 냉난방

오존층의 파괴나 지구 온난화의 원인물질이라 불리는 프레온가스는 냉난방장치에 필수 불가결한 요소이다. 특정 프레온을 폐지하고 대체 프레온의 엄격한 배출규제를 받으면서 회수하여 파괴하는 시스템의 구축이나 암모니아 등 다른 기체로 교체하기 위해, 또 무공해인 새로운 냉매를 구하기 위해 전력을 다하고 있다.

참고문헌

1) 空気調和・衛生工学会編：空気調和・衛生工学便覧 汎用機器・空調機器篇, 제12판(1995)
2) 空気調和・衛生工学会編：空気調和設備計画設計の実務の知識, 제1판(1997), 옴(オーム)사
3) 井上宇市：空気調和ハンドブック개정3판(1982), 개정4판(1996), 丸善
4) 建設大臣官房官庁営繕部監修：機械設備工事共通仕様書(1997), 日本空調衛生工事業協会
5) S사 기술자료(1997)
6) O사 카탈로그(1997)

공기조화 시스템과 공기선도

4·1 공조시스템의 구성

공조시스템 계획에서의 핵심사항으로서 공기선도의 활용을 들 수 있으나 그보다 먼저 시스템의 구성을 아는 것도 중요하다. 공조시스템이라 할지라도 그 대상이 인간, 제품 제조나 보관환경, 동물 축사나 환경실험실 등 요구품질이 극히 다종다양하여 이에 대응하는 최적 시스템 계획이 요구되고 있다.

(1) 공랭식 멀티 방식

중소규모 빌딩에 채택되고 있는 방식으로, 실내기마다 개별적으로 제

▶ **시스템을 선택하는 열쇠는 이것이다**

무엇을 제어해야만 하는가?
'건구온도뿐인가? 습도제어는?'
개별제어가 필요한가?
기기의 설치 스페이스, 덕트 스페이스는 있는가?
열매체는 무엇인가?
'냉수인가? 증기인가? 냉온수인가?'

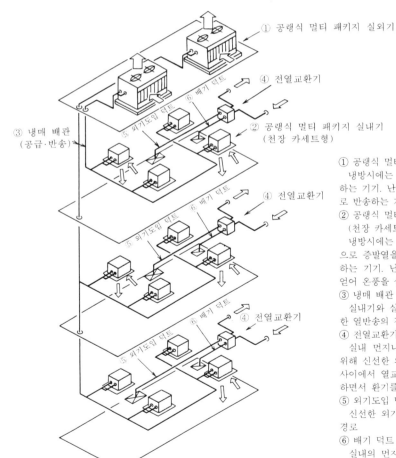

① 공랭식 멀티 패키지 실외기
② 공랭식 멀티 패키지 실내기 (천장 카세트형)
③ 냉매 배관 (공급·반송)
④ 전열교환기
⑤ 외기도입 덕트
⑥ 배기 덕트

① 공랭식 멀티 패키지 실외기
　냉방시에는 실내 기기의 열을 외기로 방열하는 기기. 난방시는 외기에서 흡열하여 실내로 반송하는 기능을 가진다.
② 공랭식 멀티 패키지 실내기 (천장 카세트형)
　냉방시에는 실내의 공기를 끌어들여 냉매액으로 증발열을 부여하여 냉풍을 실내로 송풍하는 기기. 난방시는 냉매기체에서 응축열을 얻어 온풍을 실내로 송풍하는 기능을 가진다
③ 냉매 배관
　실내기와 실외기 사이의 냉매(액가스)에 의한 열반송의 경로
④ 전열교환기
　실내 먼지나 CO_2 농도 등의 환경 유지를 위해 신선한 외기도입 기기, 실내공기와 외기 사이에서 열교환을 하여 에너지 절약을 도모하면서 환기를 하는 기기이다.
⑤ 외기도입 덕트
　신선한 외기를 실내로 송풍하기 위한 반송 경로
⑥ 배기 덕트
　실내의 먼지나 냄새 등을 외부로 배출하기 위한 반송 경로

투시도 1 공랭식 멀티 방식

어되고 유지보수에도 우수한 시스템이다. 집중 감시나 계량이 용이하므로 임대 빌딩에서 많이 사용되고 있으며 야간전력을 이용한 빙축열형식 등도 각 메이커가 시장에 제공하고 있다.

(2) 공랭식 히트펌프 칠러 + 공조기방식

중소규모 빌딩이나 대규모 빌딩의 일부분에 채택되고 있는 방식으로서, 부하 형태가 유사한 구역에 대하여 냉방 또는 난방 중에서 하나를 실행하는 시스템이다. 일정 용량까지는 관리자를 필요로 하지 않다는 이점이 있다.

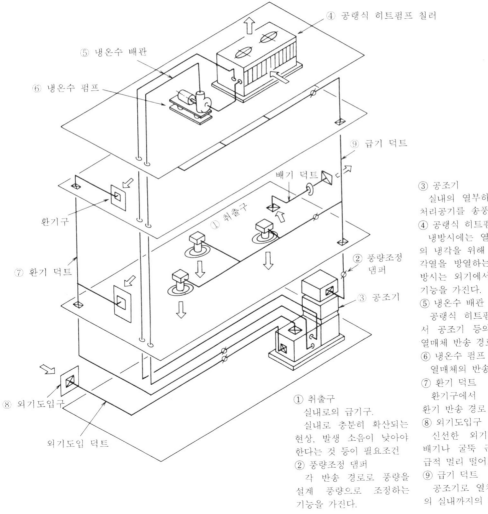

③ 공조기
　실내의 열부하에 대하여 처리공기를 송풍하는 기기.
④ 공랭식 히트펌프 칠러
　냉방시에는 열매체(냉수)의 냉각을 위해 외기로 냉각열을 방열하는 기기. 난방시는 외기에서 흡열하는 기능을 가진다.
⑤ 냉온수 배관
　공랭식 히트펌프 칠러에서 공조기 등의 기기로의 열매체 반송 경로
⑥ 냉온수 펌프
　열매체의 반송용 동력원
⑦ 환기 덕트
　환기구에서 공조기로의 환기 반송 경로
⑧ 외기도입구
　신선한 외기의 도입구. 배기나 굴뚝 근처에서 가급적 멀리 떨어뜨려야 함
⑨ 급기 덕트
　공조기로 열처리된 공기의 실내까지의 반송 경로

① 취출구
　실내로의 급기구.
　실내로 충분히 확산되는 현상, 발생 소음이 낮아야 한다는 것 등이 필요조건
② 풍량조정 댐퍼
　각 반송 경로로 풍량을 설계 풍량으로 조정하는 기능을 가진다.

투시도 2 공랭식 히트펌프 칠러+공조기방식

(3) 가스열원 냉온수 발생기 + 공조기방식

대규모 빌딩에 채택되는 방식으로 열원을 집중시켜 기기를 효율적으로 운전시킬 수 있는 시스템이다. 프레온가스를 사용하지 않아 환경면에서도 우수하여 널리 사용되고 있다.

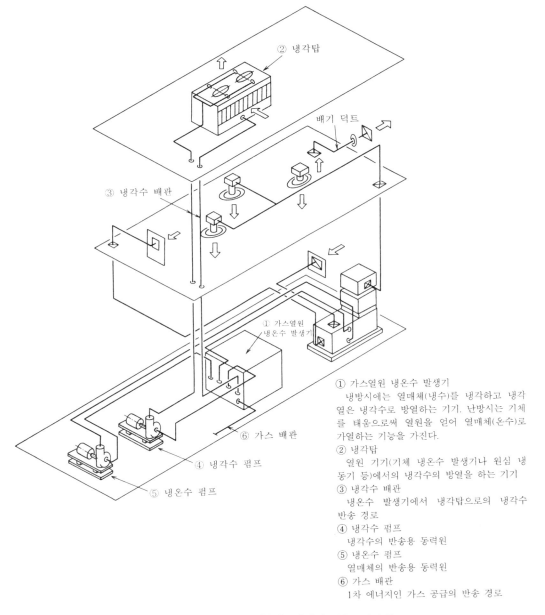

① 가스열원 냉온수 발생기
　냉방시에는 열매체(냉수)를 냉각하고 냉각열은 냉각수로 방열하는 기기. 난방시는 기체를 태움으로써 열원을 얻어 열매체(온수)로 가열하는 기능을 가진다.
② 냉각탑
　열원 기기(기체 냉온수 발생기나 원심 냉동기 등)에서의 냉각수의 방열을 하는 기기
③ 냉각수 배관
　냉온수 발생기에서 냉각탑으로의 냉각수 반송 경로
④ 냉각수 펌프
　냉각수의 반송용 동력원
⑤ 냉온수 펌프
　열매체의 반송용 동력원
⑥ 가스 배관
　1차 에너지인 가스 공급의 반송 경로

투시도 3　가스열원 냉온수 발생기+공조기방식

4.2 공조시스템과 공기선도

공조의 목적은 인간의 거주구역이나 작업공간의 쾌적성을 확보하는 것과 생산공정에서 제조품의 품질을 확보하는 것으로 대별된다. 각각의 환경은 외적 요인을 포함하여 천차만별이어서 요구 품질에 대해 필요 충분한 시스템 선택의 검토가 요구된다.

대표적인 공조시스템의 공기선도 상에서의 표현과 시스템 설계계획에서의 활용법을 나타낸다.

(1) 정풍량 단일덕트방식

a. 개요

정풍량 단일덕트방식은 전체 공기방식 중 대표적인 방식으로서, 그 구성은 **그림 4.1**과 같다.

공조기에서 일정 풍량을 상시 실내로 송풍하는 방식이다. 그림은 공조 대상 구역을 2실로 하고 있지만 시스템에 의해 다시 다수를 대상으로 하는 경우라든가 1실만으로 이루어지는 경우도 있다.

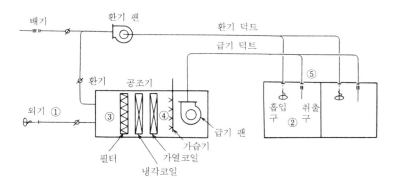

그림 4.1 정풍량 단일덕트방식

▶ **습도 과정상의 결과란**

제습은 냉각코일에 의해서 일어나는 상태 변화이다. 냉각코일의 제어 목표가 실내 건구온도에서 실내 현열부하(냉각) 변화에 대해서만 제어가 되고 (습도) 변화에 대해서는 제어되지 않는다. 따라서 습도는 과정상의 결과가 된다.

실내부하의 변동에 대해서는 급기 건구온도를 제어하여 실온을 일정하게 하는 방식으로서, 습도는 과정상의 결과가 된다. 열부하의 특성이 다른 구역을 한 계통으로 하는 경우, 다른 구역의 실온은 설정값에서 벗어나기 때문에 복수 구역용으로서는 특성이 유사한 경우에 채택되는 시스템이다.

b. 습공기선도 상의 움직임

1) 냉방시의 움직임 : 표준적인 각 부의 온습도 움직임을 **그림 4.2**에 나타낸다. ③에서 ④는 냉각코일 부하로 되고, ④에서 ⑤는 송풍기 발열에 의한 온도 상승을, ⑤에서 ②는 실내부하에 의한 상태 변화를 나타낸다.

　실내의 현열부하의 변동에 대해 건구온도를 실내에서 일정하게 하기 위해 ⑤의 취출점의 건구온도를 제어한다.

2) 난방시의 움직임 : 표준적인 각 부의 온습도 움직임을 **그림 4.3**에 나타낸다. ③에서 ④가 가열코일 부하, ④에서 ⑤가 가습부하로 되고 ⑤에서 ②가 실내부하에 의한 상태 변화를 나타낸다.

　실내 현열부하의 변동에 대해 실내 건구온도를 일정하게 유지하기 위해 ④의 건구온도를 제어한다. 실내 습도부하의 변동에 대해 실내 습도를 일정하게 유지하기 위해 ④에서 ⑤의 가습량을 제어한다.

송풍기 발열의 온도 상승

송풍기에 의한 급기 온도 상승은 송풍기의 필요 정압에 비례한다. 일반적으로는 무시되지만 엄밀한 실내온도 제어가 필요한 경우라든가 필요 정압이 극단적으로 큰 클린 룸 계통 등의 경우에는 주의를 요한다.

▶ **덕트에서의 열손실 취급**

급기덕트가 긴 경우, 공조기 출구에서 실내의 취출구까지 열 손실이 발생하므로 송풍량에 여유를 주거나 미리 실내부하로서 고려해 두는 것이 필요하다.

가열시의 송풍기 발열

가열시에는 가열코일 부하가 저감되어 안전 측면에서 일반적으로는 고려하지 않는다.

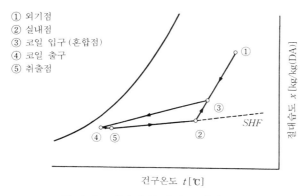

① 외기점
② 실내점
③ 코일 입구 (혼합점)
④ 코일 출구
⑤ 취출점

그림 4.2　냉방시 공기선도 상의 움직임

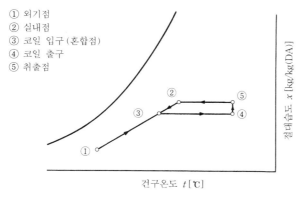

① 외기점
② 실내점
③ 코일 입구 (혼합점)
④ 코일 출구
⑤ 취출점

그림 4.3　난방시 공기선도 상의 움직임

(2) 정풍량 단일덕트 + 팬코일 유닛방식

a. 개요

정풍량 단일덕트＋팬코일 유닛방식은 전 공기방식의 기본(정풍량 단일덕트)방식에 각 실내에 팬코일 유닛을 설치하여 개별 공조하는 방식으로, 그 구성은 **그림 4.4**와 같다. 공조기는 실내환경의 유지를 목적으로 실내로 일정량을 급기하고 팬코일 유닛으로 실내부하 변동에 대응한다.

이 방식은 팬코일 유닛의 처리 부하 대상에 따라 페리미터 부하 전용으로 설치하는 페리미터 팬코일 유닛방식과 인테리어의 부하 처리에 설치하는 인테리어 팬코일 유닛방식으로 대별된다.

b. 습공기선도 상의 움직임

1) 페리미터 팬코일 유닛방식

a) 냉방시의 움직임 : 표준적인 각 부 온습도의 움직임을 **그림 4.5**에 나타낸다. 팬코일 유닛의 선도는 팬코일 유닛의 코일 입구가 ②의 실내공기로, 상태 변화는 장치 현열비 선상에서 표현되어 취출구는 ⑥이 된다.

실내 현열부하의 변동에 대해 ⑥의 건구온도를 제어한다. 제어방법은 풍량을 변화시키는 방식과 팬코일 유닛으로의 냉수량을 변화시키는 방식이 있다.

b) 난방시의 움직임 : 표준적인 각 부 온습도의 움직임을 **그림 4.6**에 나타낸다. 팬코일 유닛의 선도는 팬코일 유닛의 코일 입구가 ②의 실내공기로, 상태 변화는 현열비(SHF)＝1.0의 선도 상으로 된다.

실내 습열부하의 변동에 대해 실내 건구온도를 일정하게 유지하기 위해 냉방시와 마찬가지로 ⑥의 건구온도를 제어한다.

실내 습도부하의 변동에 대해 실내 습도를 일정하게 유지하기 위해 공조기로 ④에서 ⑤의 가습량을 제어한다.

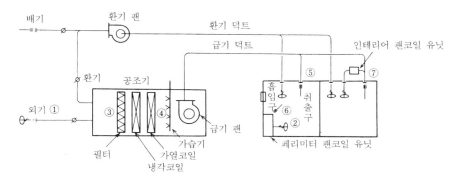

그림 4.4 정풍량 단일덕트＋팬코일 유닛방식

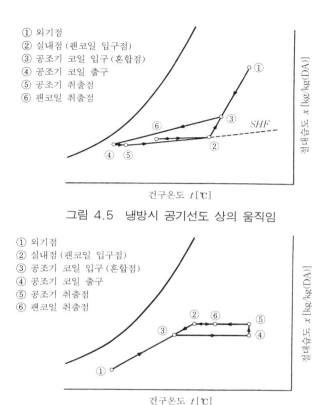

팬코일 유닛의 풍량 변화

유닛 제품으로서 속도조절기에 의해 풍량을 자동제어할 수도 있지만 설비면의 관점에서 제어 스위치에 의한 단계제어가 이용되는 것이 일반적이다.

팬코일 유닛의 수량 변화

풍량제어보다도 많이 사용되고 있으며 자동밸브를 내장한 타입인 팬코일 유닛도 있다. 수량이 적은 경우, 밸브의 특성상 ON/ OFF 제어로 되어 실온의 외란이 있다.

① 외기점
② 실내점 (팬코일 입구점)
③ 공조기 코일 입구 (혼합점)
④ 공조기 코일 출구
⑤ 공조기 취출점
⑥ 팬코일 취출점

SHF

건구온도 *t* [℃]

절대습도 *x* [kg/kg(DA)]

그림 4.5 냉방시 공기선도 상의 움직임

① 외기점
② 실내점 (팬코일 입구점)
③ 공조기 코일 입구 (혼합점)
④ 공조기 코일 출구
⑤ 공조기 취출점
⑥ 팬코일 취출점

건구온도 *t* [℃]

절대습도 *x* [kg/kg(DA)]

그림 4.6 난방시 공기선도 상의 움직임

2) 인테리어 팬코일 유닛방식

a) 냉방시의 움직임 : 표준적인 각 부 온습도의 움직임을 **그림 4.7**에 나타낸다. 팬코일 유닛의 선도는 팬코일 유닛의 코일 입구가 ②의 실내공기로서, 상태 변화는 장치 현열비선도 상으로 된다.

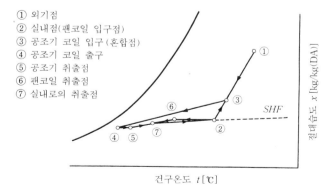

① 외기점
② 실내점(팬코일 입구점)
③ 공조기 코일 입구(혼합점)
④ 공조기 코일 출구
⑤ 공조기 취출점
⑥ 팬코일 취출점
⑦ 실내로의 취출점

SHF

건구온도 *t* [℃]

절대습도 *x* [kg/kg(DA)]

그림 4.7 냉방시 공기선도 상의 움직임

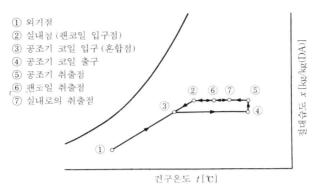

① 외기점
② 실내점 (팬코일 입구점)
③ 공조기 코일 입구 (혼합점)
④ 공조기 코일 출구
⑤ 공조기 취출점
⑥ 팬코일 취출점
⑦ 실내로의 취출점

그림 4.8 난방시 공기선도 상의 움직임

⑦이 공조기와 팬코일 유닛에서의 급기의 혼합점이 되어 ⑦에서 ②가 실내부하에 의한 상태 변화를 나타낸다.

실내 현열부하의 변동에 대해서는 페리미터 팬코일과 마찬가지로 ⑥의 건구온도를 제어한다.

b) 난방시의 움직임 : 표준적인 각 부 온습도의 움직임을 **그림 4.8**에 나타낸다. 팬코일 유닛의 선도는 팬코일 유닛의 코일 입구가 ②의 실내공기로서, 상태 변화는 현열비 (SHF)=1.0의 선도 상으로 된다.

⑦이 공조기와 팬코일 유닛에서의 급기의 혼합점이 되며, ⑦부터 ②가 실내부하에 의한 상태 변화를 나타낸다.

실내 현열부하의 변동에 대해 실내의 건구온도를 일정하게 유지하기 위해 냉방시와 마찬가지로 ⑥의 건구온도를 제어한다.

실내 습도부하의 변동에 대해 실내 습도를 일정하게 유지하기 위해 공조기로 ④에서 ⑤의 가습량을 제어한다.

(3) 정풍량 단일덕트 + 재열방식

a. 개요

정풍량 단일덕트＋재열방식은 정풍량 단일덕트방식에서 냉방시 실내 습도의 상승을 해소하는 방식으로서, 그 구성은 **그림 4.9**와 같다.

공조기에서의 출구를 노점제어함으로써 실내습도를 일정값으로 유지하고 실내부하의 변동에는 재열기에 의해 급기 건구온도를 제어하여 실온을 일정하게 하는 시스템이다.

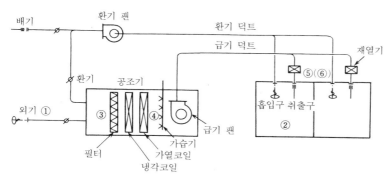

그림 4.9 정풍량 단일덕트＋재열방식

b. 습공기선도 상의 움직임

1) 냉방시의 움직임 : 표준적인 각 부의 온습도 움직임을 **그림 4.10**에 나타낸다. 공조기의 출구는 실내의 현열처리가 가능한 노점으로 결정하고 재열기의 작동은 최대 부하시에는 없고 부분 부하시에 실온 유지를 위해 필요한 가열을 실행하는 것으로 하고 있다. ⑤에서 ②는 실내 최대 부하시의 상태 변화를 나타낸다.

실내의 현열부하 변동에 대해 실내의 건구온도를 일정하게 하기 위해 재열기로 급기를 ⑥의 상태로 가열하여 제어한다.

① 외기점
② 실내점
③ 코일 입구(혼합점)
④ 코일 출구
⑤ 취출점
⑥ 취출점(부분 부하시)

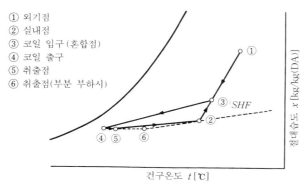

그림 4.10 냉방시 공기선도 상의 움직임

2) 난방시의 움직임 : 표준적인 각 부의 온습도 움직임을 **그림 4.11**에 나타낸다. 공조기의 취출 건구온도는 실내부하가 최저시에 재열이 약간 필요하게 되는 정도로 결정한다. ③에서 ④가 가열코일 부하, ④에서 ⑤가 가습부하이다.

실내의 현열부하 변동에 대해서는 냉방시와 마찬가지로 재열기로 급기를 ⑥의 상태로 가열하여 제어한다.

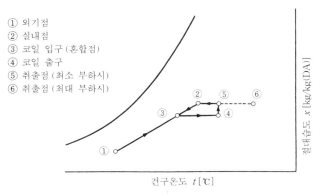

① 외기점
② 실내점
③ 코일 입구 (혼합점)
④ 코일 출구
⑤ 취출점 (최소 부하시)
⑥ 취출점 (최대 부하시)

그림 4.11 난방시 공기선도 상의 움직임

(4) 변풍량 단일덕트방식

a. 개요

　변풍량 단일덕트방식은 송풍공기 건구온도를 일정하게 유지하여 급기량을 증감시키는 방식으로 그 구성은 **그림 4.12**와 같다. 실내부하의 변동에 대해서는 송풍량을 제어하여 실온을 일정하게 유지하는 방식으로서, 열부하의 특성이 달라지는 구역을 동일한 공조기로 공조하는 경우 등에 채택되는 시스템이다.

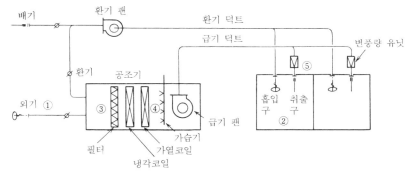

그림 4.12 변풍량 단일덕트방식

b. 습공기선도 상의 움직임

1) 냉방시의 움직임 : 표준적인 각 부 온습도의 움직임을 **그림 4.13**에 나타낸다. 공조기의 출구는 실내의 현열처리가 가능한 노점으로 결정하고

고정된 점이 된다. 변풍량 유닛의 움직임은 최대 부하시에는 없고 부분 부하시 실온을 유지하기 위해 송풍량을 교축할 때 작동한다. ⑤에서 ②는 실내 최대 부하시의 상태 변화를 나타낸다.

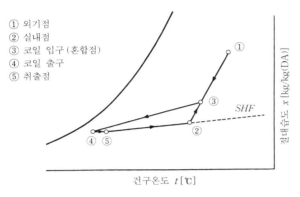

① 외기점
② 실내점
③ 코일 입구(혼합점)
④ 코일 출구
⑤ 취출점

그림 4.13 냉방시 공기선도 상의 움직임

실내의 현열부하 변동에 대해 실내의 건구온도를 일정하게 유지하기 위해 급기를 증감시켜 제어하지만 현열비가 크게 변화하지 않는 한, 공기선도 상의 변화는 뚜렷하게 없다.

2) 난방시의 움직임 : 표준적인 각 부 온습도의 움직임을 **그림 4.14**에 나타낸다. 공조기의 취출 건구온도는 실내 최대 부하시 최대의 송풍량으로 실온을 제어하는 점으로 결정된다. 냉방시와 마찬가지로 이 점은 고정값이 된다. 변풍량 유닛의 움직임은 최대 부하시에는 없고 부분 부하시 실온을 유지하기 위해 송풍량을 교축할 때 작동한다. ③에서 ④가 가열코일 부하로, ④에서 ⑤가 가습부하로 된다.

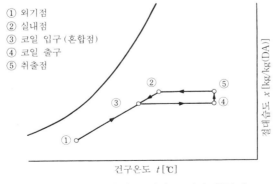

① 외기점
② 실내점
③ 코일 입구(혼합점)
④ 코일 출구
⑤ 취출점

그림 4.14 난방시 공기선도 상의 움직임

실내의 현열부하 변동에는 냉방시와 마찬가지로 변풍량 유닛으로 송풍량을 교축함으로써 실내 건구온도를 일정하게 유지한다.

(5) 정풍량 단일덕트 + 유인 유닛방식

a. 개요

정풍량 단일덕트+유인 유닛방식은 공조기에 의해 1차 처리된 공기를 각 유인 유닛으로 보내어 고속으로 취출하고 실내공기를 유인 혼합하여 실내부하를 처리하는 방식으로서, 그 구성은 **그림** 4.15와 같다. 공조기에서의 급기가 고온도차로 송풍되기 때문에 풍량이 저감되어 공간을 작게 할 수 있지만 고속 덕트에서의 소음 발생 등에 주의를 요하는 시스템이다.

> ▶ **유인방식이란**
>
> 공조기에서 송풍되는 1차 공기를 고속으로 노즐로부터 취출함으로써 분류에 의한 유인을 발생시켜 2차 공기(실내공기)를 혼합하고 일반적인 온도차로 실내에 송풍하는 방식이다.

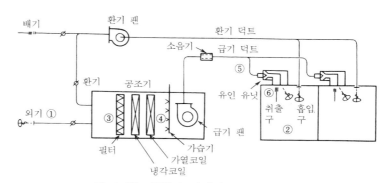

그림 4.15 정풍량 단일덕트+유인 유닛방식

b. 습공기선도 상의 움직임

1) 냉방시의 움직임 : 표준적인 각 부의 온습도 움직임을 **그림** 4.16에 나타낸다. 공조기 선도 상의 각 점 및 실내부하 변동에 대한 대응은 정풍량 단일덕트방식과 동일하다.

공기선도 상의 큰 차이는 ⑤의 공조기에서의 급기와 ②의 유인된 실내공기와의 혼합점 ⑥이 실내로의 취출점이 된다는 것이다. ⑥에서 ②가 실내부하에 의한 상태 변화를 나타낸다. ⑥은 유인 유닛의 유인비를 R〔－〕로 하면

$$t_6 = \frac{t_5 + Rt_2}{1 + R}$$ ....(4.1)

와 같이 구해진다.

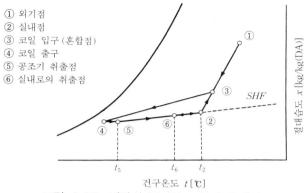

그림 4.16 냉방시 공기선도 상의 움직임

2) 난방시의 움직임 : 표준적인 각 부 온습도의 움직임을 **그림** 4.17에 나타낸다.

공조기선도 상의 각 점 및 실내부하 변동에 대한 대응은 정풍량 단일 덕트방식과 동일하다.

공기선도 상의 큰 차이는 냉방시의 움직임과 같은 것으로, 유인에 의해 실내로는 ⑥의 상태로 보내지고 ⑥에서 ②가 실내부하에 의한 상태 변화로 된다는 것이다.

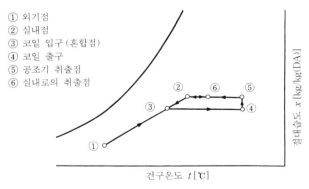

그림 4.17 난방시 공기선도 상의 움직임

대표적인 공조방식에 관하여 그 특징과 적용 건물의 용도를 정리하면 **표** 4.1과 같다.

표 4.1 각 방식의 실용 예

방식	흐름도	특징	적용건물용도
정풍량 단일덕트	외기, 급기 덕트, 환기 덕트, 급기, 실내, 배기, 공조기	1) 전 공기방식이기 때문에 실내의 환기량이 항상 충분히 확보되어 실내의 온도·기류 분포 등에 관하여 질 높은 공조가 실행된다. 2) 단순한 방식으로 설비비가 저렴하고 취급도 용이하다. 3) 개별 운전 및 제어가 불가능하다. 4) 열매체인 공기의 열용량이 작기 때문에 덕트의 공간이 커진다. 5) 운전중에 항상 대풍량으로 송풍하기 때문에 반송동력의 낭비가 많다.	사무실 극장홀 백화점 일반 공장
정풍량 + 팬코일 유닛 단일덕트	외기, 급기 덕트, 환기 덕트, 급기, 배기, 실내, 공조기, 팬코일 유닛	1) 물–공기방식이기 때문에 송풍이 적고 덕트 공간이 작다. 2) 팬코일 유닛의 운전에 의해 개별 운전 및 제어가 실행된다. 3) 팬코일 유닛용의 냉온수 배관이 실내 천장 내에 설치되기 때문에 누수 위험이 있다. 4) 팬코일 유닛의 설치 및 유지보수 공간이 필요하게 된다.	사무실 호텔객실 병실 학교 슈퍼마켓
정풍량 + 재열 단일덕트	외기, 급기 덕트, 재열기, 환기 덕트, 급기, 실내, 배기, 공조기	1) 전 공기방식이기 때문에 단일덕트방식과 마찬가지로 실내의 환기량이 상시 충분하게 확보되어 질 높은 공조가 실행된다. 2) 재열기마다 개별 제어가 실행된다. 3) 냉방시에도 실내습도의 제어가 실행된다. 4) 냉방시에 실내습도의 제어를 위해 과냉각 재열되어 열에너지 손실이 있다.	미술관 호텔 연회장 제약공장 환경실험실 홀
변풍량 단일덕트	외기, 급기 덕트, 가변풍량 유닛, 환기 덕트, 급기, 실내, 배기, 공조기	1) 변풍량 유닛마다 개별 운전 및 제어가 실행된다. 2) 부분 부하시에 송풍량을 저감함으로써 반송동력비를 낮출 수 있다. 3) 기기 용량을 부하의 동시성을 고려하여 결정할 수 있어 정풍량방식에 비해 용량이 소형이다. 4) 송풍량이 교축된 경우에 실내의 기류 분포가 악화되어 외기량의 확보 등에도 제어를 필요로 한다. 5) 송풍량 교축에 의한 각 실의 급기량과 환기량 불균형의 방지대책이 필요하다.	사무실 일반 공장
정풍량 + 유인 유닛 단일덕트	외기, 급기 덕트, 환기 덕트, 유인 유닛, 실내, 공조기	1) 송풍량이 적어 덕트 공간에 제한이 있는 경우나 기설 덕트를 이용한 처리능력 상승 등의 경우에 적합하다. 2) 1차 공기를 고온도차로 실내에 공급하기 위해 열원 기기에 표준 기기보다도 냉방시는 저온냉매를, 난방시는 반대로 고온냉매를 필요로 한다. 3) 1차 공기의 고속 취출에 의한 소음발생 대책이 필요하다.	백화점 사무실 일반 공장

4·3 시스템과 공기선도

(1) 열부하와 공기선도

공조시스템 설계에 공기선도를 활용하려면 먼저 어떠한 시스템으로 되어 있는가를 생각해 봐야 한다. 시스템과 공기선도는 밀접한 관계에 있어 시스템이 틀리면 공기선도도 달라지기 때문이다.

예제로서 실내 열부하 등의 조건을 **표 4.2, 표 4.3**에 나타낸다. 이 예제에서는 부하의 형태가 유사하기 때문에 큰 공간인 A+B 구역을 한 대의 공조기로 공조를 계획한다. 공조방식은 일반적인 정풍량 단일덕트 방식의 제어대상을 두 구역의 평균값이 되는 환기로 한다.

표 4.2 실내 및 외기 조건

	냉 방 시		난 방 시	
	실내	외기	실내	외기
건구온도[℃]	26	35	22	0
상대습도[%]	50	60	50	40

표 4.3 실내부하 및 외기량

구역	부하종별	실내부하						외기량 [m³/h]
		냉방부하[kW]				난방부하[kW]		
		9:00	12:00	14:00	16:00	9:00	14:00	
A	현 열	17.2	20.8	28.1	25.6	20.8	16.4	1100
	잠 열	2.1	2.1	2.1	2.1	0.0	0.0	
	전 열	19.3	22.9	30.2	27.7	20.8	16.4	
B	현 열	10.6	13.9	19.7	18.6	13.9	10.6	800
	잠 열	1.5	1.5	1.5	1.5	0.0	0.0	
	전 열	12.1	15.4	21.2	20.1	13.9	10.6	
A+B	현 열	27.8	34.7	47.8	44.2	34.7	27.0	1900
	잠 열	3.6	3.6	3.6	3.6	0.0	0.0	
	전 열	31.4	38.3	51.4	47.8	34.7	27.0	

▶ **현열비의 사용방법**

현열비란 실내에 취출된 공기가 실내에 다다르는 과정의 표현에서 이용되는 수치이다.
기준점〔26 ℃(DB) 50%〕과 현열비 눈금을 연결시키고 이 선과 평행으로 실내 점에서 그은 선상에 취출점이 있다.

a. 냉방부하시의 공기선도

1) 제1단계 : 실내외 점의 표시

설계상에서 실내점 ②와 외기점 ①을 표시한다(**그림 4.18**).

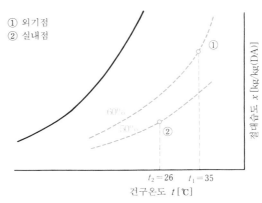

그림 4.18 실내외 점의 표시

2) 제2단계 : 현열비 SHF 선을 긋는다.

최대 부하시(14 : 00)의 부하는

$$A+B \ \text{실내 현열부하} \quad q_s = 47.8 \ \text{kW}$$
$$A+B \ \text{실내 잠열부하} \quad q_L = 3.6 \ \text{kW}$$
$$A+B \ \text{실내 전열부하} \quad q_T = 51.4 \ \text{kW}$$

이며, 현열비 $SHF = \dfrac{47.8}{51.4} = 0.93$

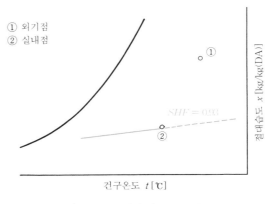

그림 4.19 현열비 SHF 선 긋기

으로 된다. 설계상의 실내점에서 현열비 $SHF = 0.93$의 선을 긋는다
(**그림** 4.19).

3) 제3단계 : 취출점의 표시

　　공조기의 코일 출구공기 건구온도는 냉매의 온도(공조용 냉수온도는
코일 입구 7℃, 출구 12℃ 정도)에 의해 14~16℃이지만 일반적인 공조
에서는 16℃ 전후이다. 현열비 선상에 이 온도로 취출점 ⑤를 표시한
다(**그림** 4.20).

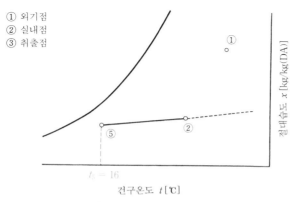

　　① 외기점
　　② 실내점
　　③ 취출점

그림 4.20　취출점의 표시

4) 제4단계 : 급기풍량의 산출

　　급기풍량 Q_a 는 식 (4.2)에 의해 구한다.

▶ **취출풍량을 구하는**
방법

　실내로의　공조풍량
을 냉방부하에서 산출
하고 그 풍량으로 난방
부하를 처리할 수 있는
가를 체크한다.

$$q_s = c_p \frac{Q}{v_0} \left(t_2 - t_5 \right) \times \frac{1}{3600} \quad \cdots\cdots\cdots\cdots\cdots\cdots (4.2)$$

　여기서,　실내 건구온도　$t_2 = 26\,℃$

　　　　　　취출 건구온도　$t_5 = 16\,℃$

　식 (4.2)를 변형하여

$$Q = \frac{q_s \, v_0 \times 3600}{c_p \left(t_2 - t_5 \right)} \quad \cdots\cdots\cdots\cdots\cdots\cdots\cdots (4.3)$$

$$= \frac{47.8 \times 0.83 \times 3600}{1.006 \times (26 - 16)} = 14200 \ \text{m}^3/\text{h}$$

으로 된다. A+B 구역의 풍량비는

A구역의 최대 부하 $q_s(A) = 28.1 \, \text{kW}$

B구역의 최대 부하 $q_s(B) = 19.7 \, \text{kW}$

에서, A구역의 급기풍량은

$$Q(A) = Q \, \frac{q_s(A)}{q_s(A) + q_s(B)} = 8300 \, \text{m}^3/\text{h} \quad \cdots\cdots\cdots\cdots \text{(4.4)}$$

B구역의 급기풍량은

$$Q(B) = Q \, \frac{q_s(B)}{q_s(A) + q_s(B)} = 5900 \, \text{m}^3/\text{h} \quad \cdots\cdots\cdots\cdots \text{(4.5)}$$

5) 제5단계 : 냉수코일 출구점의 표시

코일 출구 ④와 취출점 ⑤ 사이에서는 엄밀하게는 팬 발열 등의 손실이 있지만 풍량이나 코일 능력으로 여유를 예측하여 무시하는 경우가 많다. 이 경우의 취급은 점 ④＝점 ⑤로 된다.

송풍기의 발열에 의한 온도 상승을 고려하는 경우, 온도 상승 Δt_1 〔℃〕은 식 (4.6)으로 구한다.

$$\Delta t_1 = \frac{P_s}{\rho \, \eta_F \eta_M \times 1000} \quad \cdots\cdots\cdots\cdots\cdots\cdots\cdots\cdots \text{(4.6)}$$

여기서,   팬 필요정압 $P_s = 800 \, \text{Pa}$

공기의 밀도 $\rho = 1.2 \, \text{kg/m}^3$

팬 효율 $\eta_F = 0.60$

모터 효율 $\eta_M = 0.90$(모터가 기외 설치인 경우는 불필요)

각 수치를 대입하면

$$\Delta t_1 = \frac{800}{1.2 \times 0.60 \times 0.90 \times 1000} = 1.2 \, ℃$$

로 된다.   점 ⑤에서 절대습도를 일정하게 하여 Δt_1을 그은 점을 점 ④로 표시한다(**그림 4.21**).

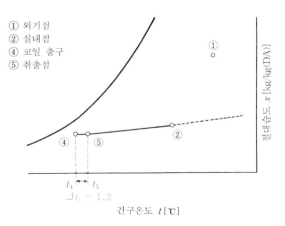

그림 4.21 냉수코일 출구점의 표시

6) 제6단계 : 냉수코일 입구점의 표시

냉수코일 입구는 실내와 외기 사이에 선상의 점이 된다. 그 점은 식 (4.7)로 산출된다.

$$\frac{t_3 - t_2}{t_1 - t_2} = \frac{Q_{OA}}{Q} \quad \cdots\cdots\cdots\cdots\cdots\cdots\cdots\cdots\cdots\cdots\cdots\cdots\cdots\cdots \quad (4.7)$$

여기서, 외기량 $Q_{OA} = 1900 \ \text{m}^3/\text{h}$

식 (4.7)을 변형하여

$$t_3 = \frac{Q_{OA}}{Q} (t_1 - t_2) + t_2 = 27.2 \ \text{℃} \quad \cdots\cdots\cdots\cdots\cdots\cdots\cdots\cdots \quad (4.8)$$

로 되어, 코일 입구점 ③이 표시된다(**그림 4.22**).

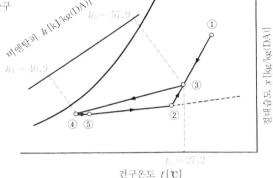

그림 4.22 냉수코일 입구점의 표시

▶ **공조기의 냉각열량을 구하는 방법**

공조기에서 냉각열량의 산출은,
　외기부하
　실내부하
　팬 발열
등의 합산이다. 각각을 단독으로 계산하여 구할 수 있지만 공기선도를 활용하면 코일의 출입구차에서 유도된다.

7) 제7단계 : 냉수코일 부하의 산출

　냉수코일의 처리부하 q_c 는

$$q_c = \frac{Q}{v_0}(h_3 - h_4) \times \frac{1}{3600} \quad \cdots\cdots\cdots\cdots\cdots\cdots\cdots (4.9)$$

$$= \frac{14200}{0.83} \times (57.9 - 40.9) \times \frac{1}{3600}$$

$$= 80.8 \text{ kW}$$

로 산출된다.

b. 난방부하시의 공기선도

1) 제1단계 : 실내외 및 코일 입구점의 표시

　설계상의 실내점 ②와 외기점 ①를 표시하고 다시 코일 입구(혼합점)점 ③을 표시한다(**그림 4.23**).

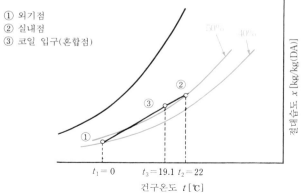

① 외기점
② 실내점
③ 코일 입구(혼합점)

$t_1 = 0$　　$t_3 = 19.1$　$t_2 = 22$
건구온도 t [℃]

그림 4.23　실내외 및 코일 입구점의 표시

2) 제2단계 : 취출점의 표시

　취출점의 건구온도 t_5 는 식 (4.10)에 의하여 산출된다.

$$q_s = c_p \frac{Q}{v_0}(t_5 - t_2) \times \frac{1}{3600} \quad \cdots\cdots\cdots\cdots\cdots\cdots\cdots (4.10)$$

　식 (4.10)을 변형하여

$$t_5 = \frac{q_s \, v_0 \times 3600}{c_p \, Q} + t_2 \quad \cdots\cdots\cdots\cdots\cdots\cdots\cdots (4.11)$$

$$= \frac{34.7 \times 0.83 \times 3600}{1.006 \times 14200} + 22$$

$$= 29.3\,℃$$

으로 취출점 ⑤가 표시된다(**그림** 4.24).

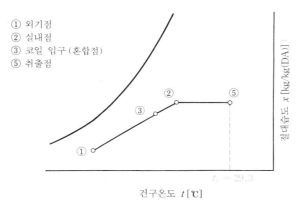

| ① 외기점 |
| ② 실내점 |
| ③ 코일 입구 (혼합점) |
| ⑤ 취출점 |

그림 4.24 취출점의 표시

3) 제3단계 : 코일 출구점의 표시

코일 출구점 ④는 점 ③에서 절대습도 일정 선상에 있어 가습방식에 따라 차이가 있다.

물가습인 경우는 점 ⑤에서 열수분비 $u = t_w$ (가습수의 수온)로 그어진 선과의 교점이 점 ④가 된다. 습구온도 일정의 상태 변화로서도 실용상 문제는 없다(**그림** 4.25).

▶ **열수분비의 사용방법**

실용상으로는
물가습,
$u = 0\ \text{kJ/kg}$
증기가습,
$u = 2680\ \text{kJ/kg}$
으로 하는 경우가 많다.

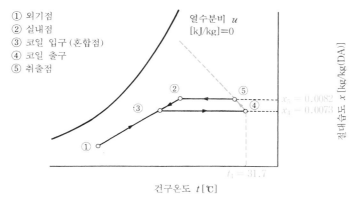

| ① 외기점 |
| ② 실내점 |
| ③ 코일 입구 (혼합점) |
| ④ 코일 출구 |
| ⑤ 취출점 |

그림 4.25 코일 출구점의 표시(물가습)

증기가습인 경우는 증기온도가 100℃로서 점 ⑤에서 열수분비 $u=$ 2680 kJ/kg으로 그은 선과의 교점이 점 ④가 된다(**그림 4.26**).

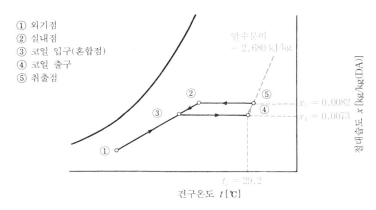

그림 4.26 코일 출구점의 표시(증기가습)

4) 제4단계 : 가열코일 부하의 산출

가열코일의 처리부하 q_h는 식 (4.12)에서 산출된다.

$$q_h = c_p \frac{Q}{v_0} (t_4 - t_3) \times \frac{1}{3600} \quad \cdots\cdots\cdots\cdots\cdots\cdots\cdots (4.12)$$

물가습인 경우는,

$$q_h = 1.006 \times \frac{14200}{0.83} \times (31.7 - 19.1) \times \frac{1}{3600}$$

$$= 60.2 \text{ kW}$$

증기가습인 경우는,

$$q_h = 1.006 \times \frac{14200}{0.83} \times (29.2 - 19.1) \times \frac{1}{3600}$$

$$= 48.3 \text{ kW}$$

으로 산출된다.

5) 제5단계 : 가습부하의 산출

가습부하 L은 식 (4.13)에서 산출된다.

$$L = \frac{Q}{v_0} (x_5 - x_4) \quad \cdots\cdots\cdots\cdots\cdots\cdots\cdots\cdots\cdots (4.13)$$

$$= \frac{14200}{0.83} \times (0.0082 - 0.0073)$$

$$= 15.4 \text{ kg/h}$$

(2) 제어와 공기선도

앞에서는 최대 부하시의 공기선도를 나타냈지만 현실적으로 그 시간 대는 적고 반대로 부분 부하 시간대가 대부분을 차지하고 있다. 부분 부 하시의 공기선도는 최대시의 그 것과는 달리 제어 시스템에 따라 차이가 있다. 여기에서는 그 차이를 알기 쉽게 하기 위해 외기 조건은 변동하지 않고 실내부하만 변동했을 경우에 관하여 설명한다.

a. 정풍량 단일덕트방식

1) 냉방부하시 : 부분 부하시의 공기선도를 **그림 4.27**에 나타낸다. 실내 건구온도를 제어해야 하며 최대 부하시와 동일하다. 습도는 제어하지 않았으므로 과정에 맡긴다. 먼저 취출 온도차를 산출하고 팬 발열 등 의 영향을 고려하여 코일 출구의 건구온도를 구한다. 코일 출구의 상 대습도는 코일의 냉각 특성에 의해 90~95 % 정도가 된다. 이 건구온 도와 상대습도로 점 ④ 및 점 ⑤가 결정된다. 또한 점 ⑤에서 실내 현 열비에 따라 그은 선과 실내 건구온도인 선의 교점이 점 ②가 된다.

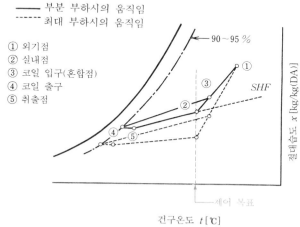

① 외기점
② 실내점
③ 코일 입구(혼합점)
④ 코일 출구
⑤ 취출점

그림 4.27 냉방 부분 부하시의 공기선도

2) 난방부하시 : 부분 부하의 공기선도를 **그림 4.28** 에 나타낸다. 실내 건 구온도를 제어해야 하며 최대 부하시와 동일하다. 습도도 제어해야 하

며 최대 부하시와 동일하다. 즉, 실내점은 최대 부하시와 같다.

공기선도 상에서의 최대 부하시와 부분 부하시와의 차이는 취출온도 차가 감소되어 점 ④와 ⑤가 변화되는 것뿐이다.

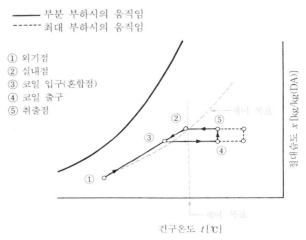

그림 4.28 난방 부분 부하시의 공기선도

b. 정풍량 단일덕트 재열방식

1) 냉방부하시 : 부분 부하시의 공기선도를 **그림 4.29**에 나타낸다. 실내 건구온도 및 습도를 제어해야 하며 최대 부하시와 동일하다.

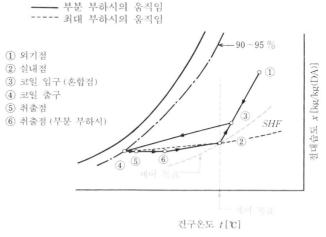

그림 4.29 냉방 부분 부하시의 공기선도

즉, 점 ②는 최대 부하시와 같은 점으로 된다. 먼저 점 ②에서 실내 현열비에 따라 선을 긋고 실내부하에서 산출되는 취출온도차를 이 선상에 표시한다.

이 점은 ⑥이 된다. 한편, 점 ④는 절대습도가 점 ⑥과 동일하고 상대습도는 코일의 냉각 특성상 90~95% 정도가 된다.

팬 발열 등의 영향으로 점 ④에서 약간 온도가 상승하여 공조기에서 각 재열기로 급기된다. 목표하는 실온 제어를 위해 재열기로 점 ⑥까지 가열한다.

2) 난방부하시 : 부분 부하의 공기선도를 **그림 4.30**에 나타낸다. 실내 건구온도를 제어해야 하며 최대 부하시와 동일하다.

습도도 제어해야 하며 최대 부하시와 동일하다. 즉, 점 ②는 최대 부하시와 같다.

공조기의 공기선도 상에는 최대 부하시와의 변화는 없고 재열기의 선도 상에 차이가 있다.

그것은 재열기에서의 가열량이 감소하여 점 ⑥이 변화된다는 것이다.

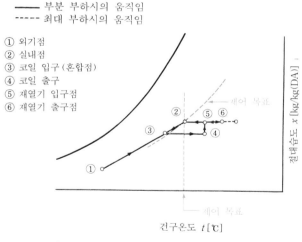

─── 부분 부하시의 움직임
----- 최대 부하시의 움직임

① 외기점
② 실내점
③ 코일 입구 (혼합점)
④ 코일 출구
⑤ 재열기 입구점
⑥ 재열기 출구점

절대습도 x [kg/kg(DA)]

제어 목표

건구온도 t [℃]

그림 4.30 난방 부분 부하시의 공기선도

c. 변풍량 단일덕트방식

1) 냉방부하시 : 부분 부하시의 공기선도를 **그림 4.31**에 나타낸다. 실내 건구온도를 제어해야 하며 최대 부하시와 동일하다.

습도는 제어하지 않았으므로 과정에 맡긴다. 부하 변동에 대하여 송풍량을 변화시켜 제어하는 시스템으로 공기선도 상에서 최대 부하시와의 차이는 실내의 현열비 변화에 의해 실내습도가 변한다는 점이다.

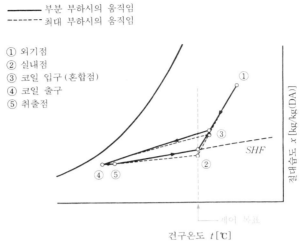

그림 4.31 냉방 부분 부하시의 공기선도

2) 난방부하시 : 부분 부하의 공기선도를 **그림 4.32**에 나타낸다. 먼저 실
내 건구온도를 제어해야 하며 최대 부하시와 동일하다. 습도도 제어해
야 하며 최대 부하시와 동일하다.

즉, 실내점은 최대 부하시와 같다. 공기선도 상에서 최대 부하와 부
분 부하시와의 차이는 별로 없다.

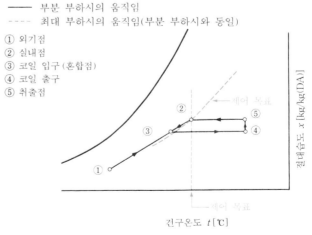

그림 4.32 난방 부분 부하시의 공기선도

4·4 응용 예

(1) 반도체 공장

반도체 공장은 가장 진보된 클린 룸으로서 발전해 왔다. 청정도는 물론 온습도에 관해서도 엄격한 관리하에서 사용되고 있다. 크기도 수천 m²의 규모로 청정도의 유지를 위해 환기 횟수가 많고 또 24시간 사용되기 때문에 에너지 사용량도 크다.

반도체 공장은 순환 공기량이 많아, 열부하는 현열부하가 대부분이고 클린 룸이라는 점에서 외기처리 공조기와 드라이코일의 조합방식이 사용된다. 표준적인 시스템 구성을 **그림 4.33**에 나타낸다.

드라이코일은 냉수의 송수온도를 실내공기 조건의 노점 이상으로 유지하고 코일로는 제습하지 않는다.

코일의 표면이 결로되지 않기 때문에 먼지가 부착하지 않는다. 일반적으로는 실내 순환공기의 전량을 통하여 반도체 공장 내부에서 발생하는 현열부하만의 처리에 사용된다.

한편, 외기처리 공조기는 실내의 생산 기기에서 직접 배기되는 배기량을 보충하기 위해 설치된다. 송풍되는 공기조건을 여름철에는 냉각제습, 겨울철에는 가열가습하여 실내공기의 노점이 일정하게 유지되도록 습도를 제어한다.

그림 4.34에 외기처리기, **그림 4.35**에 공기선도 상에서 드라이코일의 움직임을 나타낸다.

드라이코일이란
제습하지 않는다. 통과하는 공기의 절대습도는 변하지 않는다. 먼지가 부착되지 않는다.

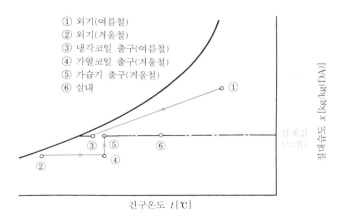

① 외기(여름철)
② 외기(겨울철)
③ 냉각코일 출구(여름철)
④ 가열코일 출구(겨울철)
⑤ 가습기 출구(겨울철)
⑥ 실내

절대습도 x [kg/kg(DA)]

실세값
(노점)

건구온도 t [℃]

그림 4.34 외기처리 공조기의 공기선도 상의 변화

R-1	흡수식 냉온수기(오일연료)	2기	EXT-1	팽창탱크 SUS제	2기
CT-1	흡수식 냉온수기용 냉각탑	2기	B-1	소형 관류보일러	1기
CDP-1	냉각수 펌프		AHU-1	외기처리기	1대
CP-1	1차 냉수펌프	2대		중성능필터와 함께	
CP-2	2차 냉수펌프	1대	DC-1	드라이코일	10대
HEX-1	판형 열교환기 SUS제	1기	EA FAN	배기팬	1대

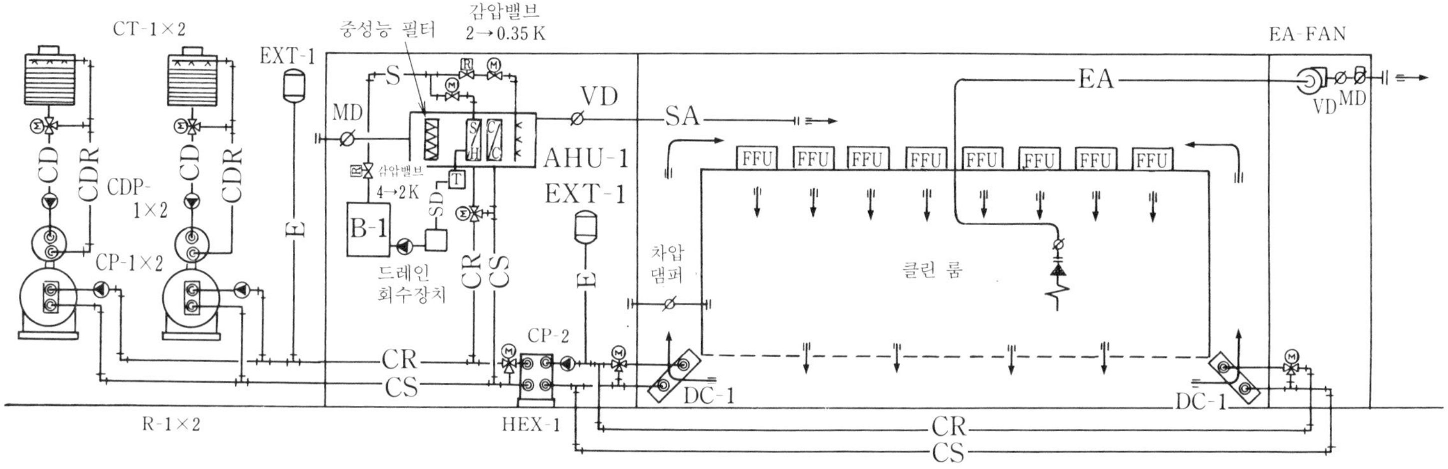

그림 4.33 외기처리기와 드라이코일 방식 클린 룸의 시스템 구성 예

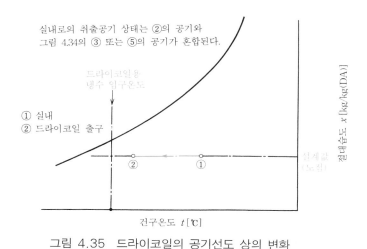

실내로의 취출공기 상태는 ②의 공기와
그림 4.34의 ③ 또는 ⑤의 공기가 혼합된다.

드라이코일용
냉수 입구온도

① 실내
② 드라이코일 출구

절대습도 x [kg/kg(DA)]

②   ①

설계값
(노점)

건구온도 t [℃]

그림 4.35 드라이코일의 공기선도 상의 변화

(2) 항온 항습실

항온 항습실은 각종 실험실이나 연구실, 생산 공장에 많이 설치되어
있다. 인간이나 동물이 대상인 것도 있는가 하면 생산물이 대상인 것도
있어 시방이나 정밀도, 규모나 사용하는 기기도 다양하다. 어느 항온 항
습실도 실내의 환경을 유지함으로써 제품이나 실험 결과에 편차가 나지
않도록 사용되고 있다.

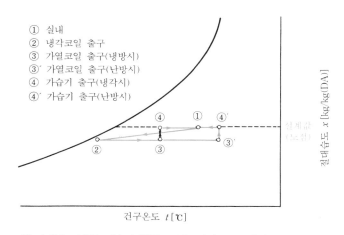

① 실내
② 냉각코일 출구
③ 가열코일 출구(냉방시)
③´ 가열코일 출구(난방시)
④ 가습기 출구(냉각시)
④´ 가습기 출구(난방시)

④   ①   ④´

설계값
(노점)

②   ③   ③´

절대습도 x [kg/kg(DA)]

건구온도 t [℃]

그림 4.36 냉각코일 출구를 노점 이하로 고정하여 제어하는
방식의 공기선도 상의 변화

일반적으로는 공조기에 냉각코일, 가열코일, 가습기를 비축하고 실내공기를 냉각 제습하여 실내부하에 따라 가열(재열), 가습을 한다. 이 때 기본적으로 전 공기량을 냉각코일의 출구온도를 검출하여 노점 이하로 내리는 방식이 일반적이다. 패키지형 공조기를 이용할지라도 쉽게 항온 항습실이 되므로 많이 이용되고 있다. 이 시스템에서 공기선도 상의 움직임을 **그림** 4.36에 나타낸다.

▶ **온습도의 외란은 매우 적다**

실내의 온도, 습도의 분산 허용범위내로 취출공기의 조건을 설정하면 자연히 외란은 적어진다.

실내의 온도, 습도조건이 ±1.0℃, ±10%와 같은 엄격한 조건인 경우, 분산의 허용범위를 제어용 센서가 설치되어 있는 장소에 한정하여 제어할지, 실내 전체를 그 허용범위 내로 제어해야 할지를 명확하게 정해 두어야 한다. 실내 전체를 허용범위로 할 경우에는 취출공기의 상태를 그 허용범위로 설정할 필요가 있으며, 취출온도차가 한정되어 환기량이 커지면 동시에 재열부하도 걸린다.

냉각코일의 출구온도를 노점 이하로 고정하여 제어하는 방식에서는 실내의 냉각부하가 적을 때에도 냉각코일의 부하가 최대로 일정하며, 에너지 손실도 커지게 된다.

에너지 절약이 가능하다

냉각코일이 단지 출구의 온도를 노점 이하로 고정하는 시스템인 것만은 아니다.

에너지 절약을 위해 다음과 같은 시스템을 도입하는 경우가 있다. 냉각코일의 제어를 실내 온습도의 양방을 검출하고 요구가 큰 쪽을 선택하여 제어한다.

온도 요구가 큰 경우에는 냉각코일로 온도를 제어하고 습도는 가습기를 통해 제어한다. 이 경우 공기선도 상의 움직임을 **그림 4.37**에 나타낸다.

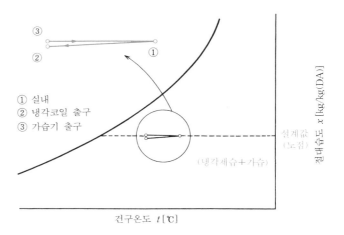

그림 4.37 온도나 습도를 선택하여 냉각코일을 제어하는
방식의 공기선도 상의 변화(온도 요구가 큰 경우)

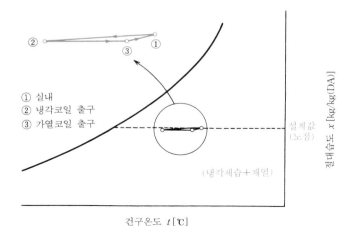

그림 4.38 온도나 습도를 선택하여 냉각코일을 제어하는
방식의 공기선도 상의 변화(습도 요구가 큰 경우)

습도 요구가 큰 경우는 냉각코일로 습도를 제어하고, 가열코일로 온도를 제어하여 재열한다. 이 경우 공기선도 상의 움직임을 **그림 4.38**에 나타낸다.

냉각코일에 보내지는 냉수나 냉매의 온도가 어느 정도 낮으면 냉각코일을 통과하는 공기는 노점으로 온도가 내려갈 때까지 냉각코일 표면에서 결로가 발생하기 시작하는 것을 이용한다. 실내의 부하 상황에 따라 냉각코일을 온도로 제어할 것인지, 습도로 제어할 것인지를 선택함으로써 부분 부하시에는 에너지 절약화를 기할 수 있다.

(3) 종이의 건조

종이의 2차 제품으로 사진용 인화지나 정보처리 용지(감열지, 감압지) 등이 있다. 이들은 종이 롤에서 종이를 연속적으로 인출하고 얇은 막 상태의 도포재를 표면에 도포하여 바람으로 건조시킨 뒤 롤에 감는다.

종이 이외에도 폴리에스테르 필름에 자성체를 도포해서 만드는 오디오 테이프나 비디오 테이프도 기본적으로는 같은 생산방법을 취하고 있다.

공기의 건조능력은 그 공기의 온도와 그 공기가 등엔탈피로 변화했을 때의 노점과의 온도차에 비례한다. 온도가 높고 습도가 낮은 공기일수록 건조능력은 크다.

도포재가 도포된 종이를 터널 상태인 부스 속을 통과시키고 그 부스에 건조용 공기를 불어넣어 도포재를 건조시킨다. 건조에 사용하는 공기는

> **공기의 건조능력**
>
> 건조능력을 향상시키는 것은 조건의 범위 내에서 고온 또는 저습으로 해야 한다.

제품에 따라 다르며 인화지의 경우에는 도포재가 고온에 견디지 못하므로 온도가 60℃ 이하이고 청정도가 높은 클린 룸 상태이다.

건조장치의 형태는 다양하며, **그림 4.39**에 아치형 건조기의 경우, 건조구역 기기의 구성 예를 들었다.

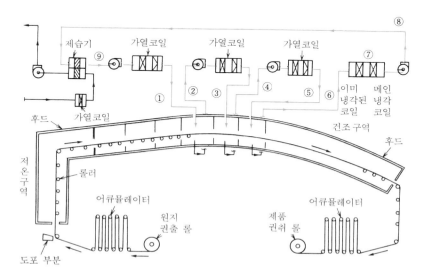

그림 4.39 아치형 건조기에서 3구역 순환시스템의 경우 기기의 구성
예(원형 숫자는 그림 4.40 안의 번호에 대응됨)

① 제1건조 구역 입구공기(가열코일 출구)
② 제1건조 구역 출구공기
③ 제2건조 구역 입구공기
④ 제2건조 구역 출구공기
⑤ 제3건조 구역 입구공기
⑥ 제3건조 구역 출구공기
⑦ 냉각탑 냉수에 의한 냉수코일 출구
⑧ 냉수코일 출구
⑨ 제습기 출구(가열코일 입구)

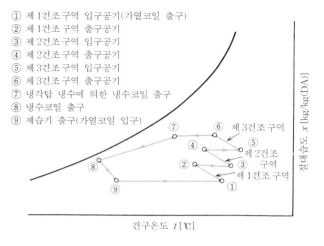

그림 4.40 사진용 인화지 건조 프로세스의 공기선도 상의 변화
(3구역을 순환하는 경우)

최초의 건조구역에서 취출된 공기는 도포재의 수분을 포함함으로써 절대습도가 올라가기 때문에 온도가 저하된다. 이 공기를 재차 가열하여 다음 구역으로 취출하고 다시 도포재의 수분을 포함시켜 절대습도를 상승시킨다. 같은 처리를 반복하면 온도의 상한에 걸려 절대습도 또한 올라가게 되므로 건조능력이 없어진다. 이 공기를 냉각 제습한 다음 제습기를 통하여 최초 건조구역의 공기조건까지 습도를 내린 후, 가열하여 최초의 건조구역으로 송풍하여 순환 이용한다. 외기보다 엔탈피가 낮고 청정도가 높은 공기를 순환 이용함으로써 에너지 절약을 기하고 있다.

도포재는 건조구역을 통과할 때마다 함유 수분량이 점차 저하되어 건조가 종료된다. 건조에 필요한 구역의 수나 송풍량, 공기조건은 종이의 속도나 도포재의 도포량에 따라 결정된다.

사진용 인화지 건조 프로세스의 공기선도 상의 움직임을 **그림 4.40**에 나타내었다.

정보처리 용지인 경우, 도포재가 고온에서 견딜 수 있도록 하기 위해 건공기는 150~160℃인 고온의 공기가 사용된다. 외기를 도입하여 일반적으로는 증기코일로 가열하여 부스로 송풍된다. 도포재의 수분을 포함하고 있는 절대습도가 올라간 공기는 그대로 배기된다. 다음 구역도 마찬가지로 외기를 도입하여 가열하고 건조 부스로 송풍한다. 건조에 필요한 구역의 수, 송풍량, 공기조건은 인화지와 마찬가지로 종이의 속도나 도포량에 따라 결정된다.

정보처리 용지 건조 프로세스의 공기선도 상의 움직임을 **그림 4.41**에 나타낸다.

> ▶ **순환공기는 구역 이송으로 에너지 절약을 기한다**
>
> 각 구역마다 냉각, 제습하여 취출구 조건을 설정할 수도 있지만 에너지 소비가 크다. 건조능력이 그다지 떨어지지 않는 범위 내에서 구역을 이송한다.

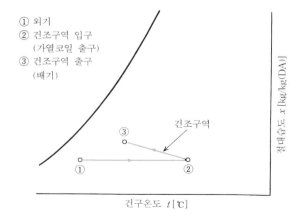

① 외기
② 건조구역 입구
　（가열코일 출구）
③ 건조구역 출구
　（배기）

그림 4.41   정보처리 용지 건조 프로세스의 공기선도（HC선도）
상의 변화（각 구역마다 배기한 경우）

(4) 냉각탑의 백연 방지

백연이란

불에서 나오는 연기가 아니다. 공기중의 수분이 과포화되어 안개가 발생되는 것이며 그 상황이 연기와 유사하다.

중간기의 비오는 날이나 겨울철에 냉각탑에서 토출되는 공기가 백연이 되어 상승하는 것을 볼 수 있다. 이것은 토출된 공기가 거의 포화공기에 가깝기 때문에 대기중으로 확산하는 과정에서 대기에 냉각되어 일시적으로 과포화의 안개가 섞인 공기로 되기 때문이다. 상승하는 백연은 시야를 방해하므로 신호가 있는 곳이나 철도 선로, 고속도로 근변에서는 장해가 되며, 밤의 네온 등에 비추어졌을 때에 화재로 오인되는 등의 문제가 종종 발생한다. 공해를 퍼뜨린다는 오해를 받기도 하여 보기에 좋지 않다.

백연을 방지하기 위해서는 토출공기가 과포화 상태가 되지 않도록 다음과 같은 두 가지 방법으로 대처할 수 있다.

1) 열교환한 포화상태의 공기를 가열하여 상대습도를 내린 다음 토출하는 방법

2) 열교환한 포화상태의 공기와 대기를 가열한 공기를 혼합시켜 상대습도를 내린 다음 토출하는 방법

　1)의 경우인 냉각탑의 구조를 **그림 4.42**에, 공기선도 상의 움직임을 **그림 4.43**에 나타낸다.

　2)의 경우인 냉각탑의 구조를 **그림 4.44**에, 공기선도 상의 움직임을 **그림 4.45**에 나타낸다.

함께 가열하는 열원은 냉각탑으로 되돌아 오는 온수(냉각수)를 이용하는 것이 일반적이다. 백연 방지형 냉각탑은 시판되고 있으며 범용품이 판매되어 근래에 그 수요가 증가하고 있다.

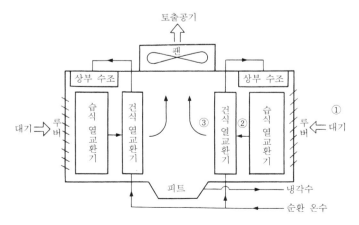

그림 4.42 토출공기를 가열하는 경우의 냉각탑 구조

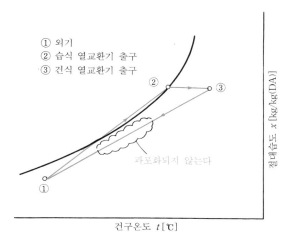

그림 4.43　토출공기를 가열하는 냉각탑의 공기선도 상의 변화

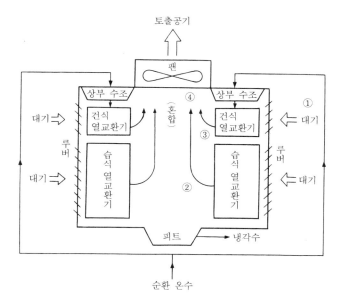

그림 4.44　외기 가열공기를 혼합시키는 냉각탑의 구조

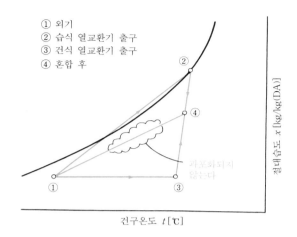

그림 4.45 외기 가열공기를 혼합시키는 냉각탑의 공기선도 상의 변화

일상 생활 속에서 볼 수 있는 백연현상

백연이 발생하는 현상은 이 밖에도 여러 가지를 들 수 있다. 주변에서 가장 많이 볼 수 있는 것은 더운 물을 주전자에 넣고 끓여 비등하고 있을 때로서, 수증기가 나와 주위의 공기가 부분적으로 과포화상태로 되어 김이 되는 현상이다. 김은 확산되고 증발하여 소멸된다.

자연계에서도 백연은 볼 수 있다. 겨울철 추운 아침에 냉기 때문에 강 수면에 안개가 상승하는 일이 있다. 또 서리가 내린 잔디밭이 아침 햇살을 받아 안개가 상승하는 일도 있다.

이들은 모두 같은 현상으로서, 모두 물이나 안개의 온도가 주위의 공기보다 일시적으로 높은 상태가 되어, 상승하는 수증기가 차가운 공기에 섞여 안개로 된 것이다.

색 인

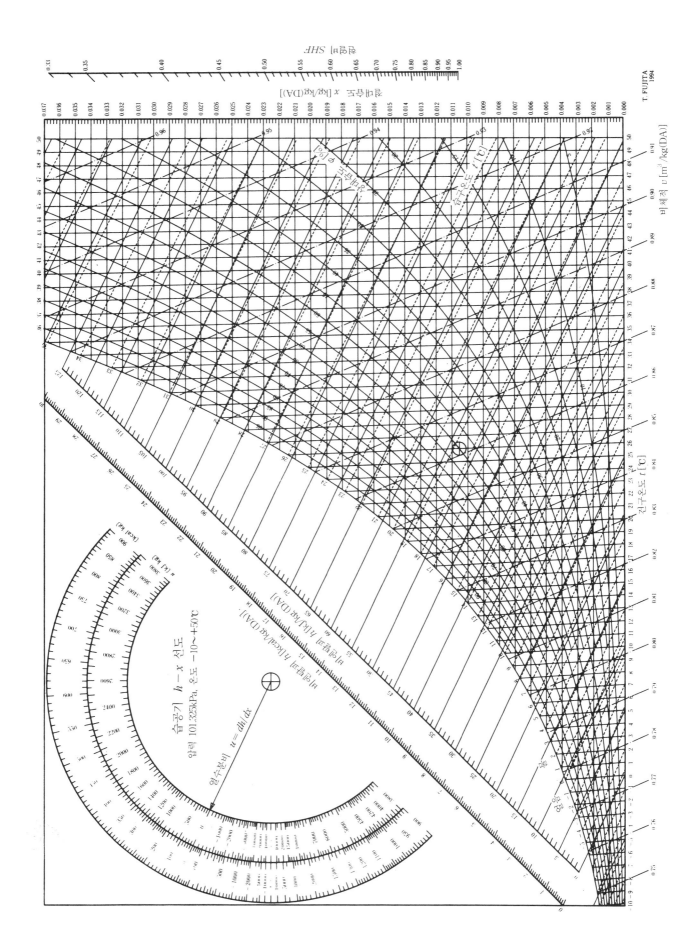

주요 특성값

특성값	단위	수증기	건공기
분 자 량	〔kg/kmol〕	18.0153	28.645
정압비열	〔kJ/(kg·℃)〕	1.805	1.006
기체상수	〔kJ/(kg·K)〕	0.462	0.287
증 발 열	〔kg/kg〕	2501(0℃에서의 값)	

주요 단위환산

$1 \text{ kJ/h} = 3600 \text{ kW}$

$1 \text{ kJ} = 4.1868 \text{ kcal}$

$1 \text{ Pa}(= N/m^2 = J/m^2) = 9.80665 \text{ kgf/m}^2$

MEMO

MEMO

공기선도 | 읽는 법·사용법

2001. 1. 12. 초 판 1쇄 발행
2013. 10. 18. 초 판 4쇄 발행
2017. 4. 12. 초 판 5쇄 발행
2022. 6. 7. 초 판 6쇄 발행

지은이 | 일본 공기조화·위생공학회
옮긴이 | 정광섭·홍희기
펴낸이 | 이종춘
펴낸곳 | **BM** ㈜도서출판 **성안당**

주소 | 04032 서울시 마포구 양화로 127 첨단빌딩 3층(출판기획 R&D 센터)
　　　 10881 경기도 파주시 문발로 112 파주 출판 문화도시(제작 및 물류)

전화 | 02) 3142-0036
　　　 031) 950-6300
팩스 | 031) 955-0510
등록 | 1973. 2. 1. 제406-2005-000046호
출판사 홈페이지 | **www.cyber.co.kr**
ISBN | 978-89-315-1977-8 (93550)
정가 | 25,000원

이 책을 만든 사람들
기획 | 최옥현
진행 | 이희영
교정·교열 | 류지은
전산편집 | 김인환
표지 디자인 | 박원석
홍보 | 김계향, 이보람, 유미나, 서세원, 이준영
국제부 | 이선민, 조혜란, 권수경
마케팅 | 구본철, 차정욱, 오영일, 나진호, 강호묵
마케팅 지원 | 장상범, 박지연
제작 | 김유석

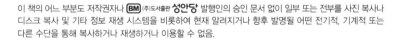

■ **도서 A/S 안내**

성안당에서 발행하는 모든 도서는 저자와 출판사, 그리고 독자가 함께 만들어 나갑니다.
좋은 책을 펴내기 위해 많은 노력을 기울이고 있습니다. 혹시라도 내용상의 오류나 오탈자 등이 발견되면 **"좋은 책은 나라의 보배"**로서 우리 모두가 함께 만들어 간다는 마음으로 연락주시기 바랍니다. 수정 보완하여 더 나은 책이 되도록 최선을 다하겠습니다.
성안당은 늘 독자 여러분들의 소중한 의견을 기다리고 있습니다. 좋은 의견을 보내주시는 분께는 성안당 쇼핑몰의 포인트(3,000포인트)를 적립해 드립니다.

잘못 만들어진 책이나 부록 등이 파손된 경우에는 교환해 드립니다.